新手 零基础玩多肉

壹号图编辑部 主编

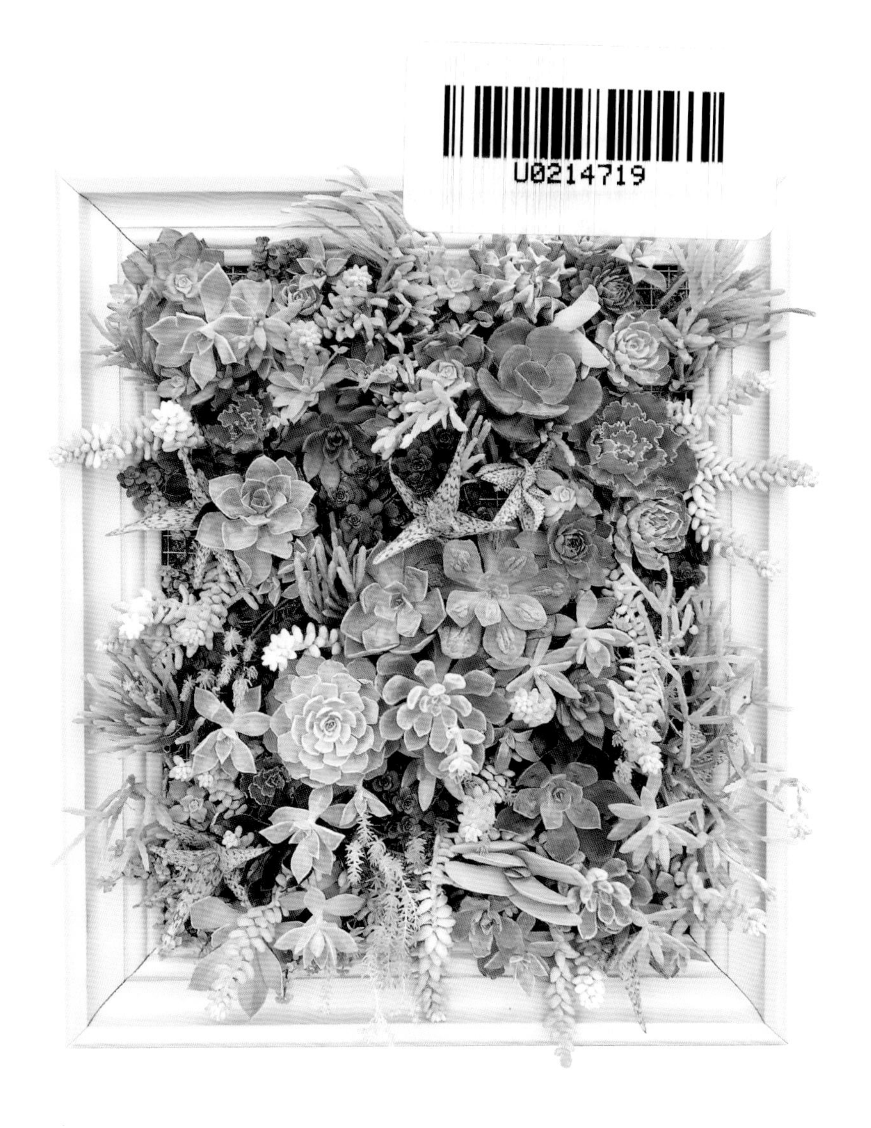

海峡出版发行集团 | 福建科学技术出版社
THE STRAITS PUBLISHING & DISTRIBUTING GROUP | FUJIAN SCIENCE & TECHNOLOGY PUBLISHING HOUSE

图书在版编目 (CIP) 数据

新手零基础玩多肉 / 壹号图编辑部主编 . —福州：福建科学技术出版社，2019.1
ISBN 978-7-5335-5662-4

Ⅰ. ①新… Ⅱ. ①壹… Ⅲ. ①多浆植物 – 观赏园艺 Ⅳ. ① S682.33

中国版本图书馆 CIP 数据核字（2018）第 183715 号

书　　名	**新手零基础玩多肉**
主　　编	壹号图编辑部
出版发行	福建科学技术出版社
社　　址	福州市东水路76号（邮编350001）
网　　址	www.fjstp.com
经　　销	福建新华发行（集团）有限责任公司
印　　刷	福建彩色印刷有限公司
开　　本	700毫米 × 1000毫米　1/16
印　　张	12
图　　文	192码
版　　次	2019年1月第1版
印　　次	2019年1月第1次印刷
书　　号	ISBN 978-7-5335-5662-4
定　　价	42.00元

书中如有印装质量问题，可直接向本社调换

前言

多肉植物又被称作“懒人植物”，与它们的相遇，是一个美好的缘分。这种植物之所以能风靡全球，不仅仅是因为它们奇特而迷人的外表以及变换不止的艳丽色彩，还因为它们有着极其旺盛的生命力和仿佛超脱于尘世的安静娴雅的气质。这样的神奇萌物，怎能不让人一眼就爱上它们呢?

现代社会生活节奏较快，压力也较大，人们和手机、电脑接触的时间越来越长，而与美丽的大自然却日渐疏远。这个时候，身边如有一盆多肉植物那是多么惬意！给这些植物拍照，记录它们的生长情况，帮它们换盆、换土、浇水、施肥等，成为生活的乐事。与此同时，多肉植物也疏缓了人们烦躁的内心，使人们忘却烦恼，沉浸在欢乐之中。除此之外，多肉植物还能让人感受到生命的多姿多彩，领略到自然界的奇妙之处。

本书内容丰富，图文并茂，介绍了多肉植物的概念、种类、购买、养护和繁殖等基础知识，不仅能让刚接触多肉的新手快速入门，还能给有经验的多肉养护者提供帮助。对于那些大受欢迎而独具个性的多肉植物，本书不仅介绍了它的科属和形态特征，还从种植、施肥、浇水、温度、光照、休眠等几个方面进行了阐述，更有关于多肉植物的摆设建议以及病虫害的处理方法等。本书对所介绍的每种多肉植物均配有高清美图，因此，本书也是多肉的欣赏图谱，兼具科学性、实用性和欣赏性。

快快打开本书，享受专属于你的美好多肉时光吧！

目录

第一章

邂逅萌多肉，踏上养“肉”之路

第二章

轻松养多肉，秘籍大公开

第三章

多肉大家族，选对养好并不难

120 娇艳美人系 粉红色彩惹人爱

141 精致莲花系 养出层层莲座

第四章

多肉出问题，高手“把脉开方”

第一章

邂逅萌多肉，踏上养“肉”之路

如果你是一位准备“入坑”的多肉爱好者，那你可能会遇到下面的一系列问题：在哪里购买多肉比较合适？刚买回来的多肉是不是要简单处理一下？养护多肉需要哪些工具？它们喜欢什么样的介质，又适合什么样的盆器呢？不要着急，本章会一一道来。

★ 认识多肉植物 ★

多肉植物的概念及其特点

多肉植物又叫多浆植物、肉质植物，是指其根、茎、叶三种营养器官中至少有一种肥厚多汁，并且能够贮存大量的水分。多肉植物因其或呆萌或典雅或可爱或奇特的造型，以及千变万化的颜色受到了很多人的喜爱，从而被冠以“有生命的工艺品”“神奇萌物”等称号，“肉肉”这个可爱又形象的称呼更是其形态的真实写照。

多肉植物肥厚的茎叶或者根部具有强大的蓄水功能，因此即使长时间不给它们浇水，它们也能依靠自身储存的水分，很好地生存下来。这表明多肉植物具有抗旱的特性，这也是在沙漠或者较为干旱的地方都可以经常看见它们的原因。此外，还有一些多肉种类喜欢生长在海岸地区。但总体来说，它们更喜欢光照充足的生长环境。

了解多肉大家族

目前已知全球共有 10000 多种多肉植物，分为 50 多科，其中比较常见的有景天科、番杏科、仙人掌科、百合科、马齿苋科、龙舌兰科等。

景天科

景天科多肉植物分布广泛，主要生长在热带干旱地区，共有 34 属 1500 多种。中国有 10 属 242 种。景天科属于一年生或多年生肉质草本植物，繁殖能力很强，仅用叶片就能生根，且因为植株矮小、极易种植而大受欢迎。其喜欢充足的阳光和湿润的环境，对土质的要求不严，一般野外生长在岩石上、山坡石缝以及山谷崖间，适宜生长温度为 15 ~ 18℃。其中，景天属和伽蓝菜属较为常见。

景天属多肉是一年生或多年生草本植物，叶对生、轮生或互生，全缘或有锯齿，花序聚伞状或伞房状，颜色多种。

伽蓝菜属多肉一般单叶对生，叶片肉质，全缘或有锯齿，或羽状分裂，圆锥状聚伞花序，花多，常直立。

圣诞伽蓝菜

球松

番杏科

番杏科是一年生或多年生草本植物或者半灌木，在非洲、亚洲、大洋洲等地区都有分布，大约有 130 属，是典型的肉质植物。其植株大多较为矮小，不过茎枝或叶片很肥厚，是一种很奇特的肉质植物。它的叶片多为单叶，对生或互生，花开时黄色、红色或者白色。番杏科多肉在夏季不仅需要良好的通风条件，还要有干燥阴凉的环境，秋季时还需要给予充足的水分。所以，除了原产地的植物以外，其他地区的大部分植物都要在温室中养护。常见的有肉锥花属、日中花属和生石花属。

肉锥花属有 400 多种，植株无茎，为一对肉质叶组成的球状或圆锥体，其上有裂缝，花从其中长出来，具有夏季怕湿热、冬季怕寒冷的特点。

日中花属多肉是一年生或多年生的草本植物，有时成半灌木，叶片一般对生，稀互生，肉质，较肥厚。

生石花属植株矮小，顶端平坦，中间有一条裂缝，花从裂缝中开出。除了生长期外，需要保持盆土干燥。其形态十分独特，外形像卵石，且具有斑斓的色彩，被称为“有生命的石头”。

生石花

快刀乱麻

荒波

仙人掌科主要分布在干旱的热带、亚热带沙漠地区，除多年生肉质草本植物外，还有一部分是小灌木或乔木状植物。其茎部肥厚，有肉感，外形有球体、柱体及扁平体，它们中的大多数茎生有刺座，所生的刺或茸毛长短不一，但没有叶子。花一般为两性，辐射对称或两侧对称。常见的有仙人掌属、子孙球属、仙人球属等。

仙人掌属植株肉质，根茎呈圆球、圆柱或扁平状，表皮覆盖有刺座，刺有单生或丛生，开黄色或红色的花，果实可以食用。

子孙球属植株短小且群生，为球体或扁球体，而且球体易生出子球，刺多而密集，开漏斗形的小花，果实呈红色。

仙人球属植株丛生，外形呈球体至短圆柱体，高数十厘米至1米不等，易繁殖，漏斗状的小花侧生于球体一侧，颜色有黄色、红色、白色等，可作小盆栽放在电脑桌边。

金手指

白桃扇

百合科

百合科主要分布在亚热带和温带地区，种类很多，大约有 230 属，我国大约有 60 属，全国各地都有分布。百合科的植物不仅有名贵的花草，还有上好的药材，其中大多数属于肉质草本植物，叶片互生，花朵辐射对称开放。常见的多肉百合科植物有芦荟属、十二卷属和沙鱼掌属等。

芦荟属多肉属小灌木植物，植株肉质，大部分没有茎部，叶片密集地在基部生长，呈莲座状，开黄色或红色的花。

十二卷属多肉约有 150 种，产于南非，植株较小，丛生，没有茎，叶片多呈莲花状排列，叶质有柔软和坚硬两类，松散的总状花序。其对温度要求不高，耐旱，也耐半阴，适合家庭栽培。

沙鱼掌属多肉有 50 ~ 80 种，多年生，常呈群生状，叶片肥厚而坚硬，似舌形，深绿或淡灰绿色，有时稍微带红色。叶面没有凹凸状，光滑圆润。

玉扇锦

条纹十二卷

马齿苋科

马齿苋科约有 20 属 580 种，广泛分布在热带、温带地区，多为一年生或多年生草本。其耐旱，生命力旺盛，一般在河岸边、山坡草地等地方分布。茎多分枝，呈淡紫红色，单叶，叶片呈倒卵形，互生或对生，开黄色的花。储水功能强，可以提供其生长所需的水分。它几乎能适应各种土壤。有些品种可入药，能起到解毒消肿的作用，还可以用来辅助治疗痢疾。其中，马齿苋属、回欢草属较为常见。

马齿苋属共有 200 种，多为一年生多肉草本植物，适应性很强，耐热、耐干旱，大部分生长在热带、亚热带地区。植株平卧或斜长，叶片呈扁平或圆柱状，互生或对生，或在茎上部轮生，花顶生、单生或簇生。

回欢草属约有 60 种，主要产于纳米比亚和南非，植株矮小，匍匐生长，叶片非常小，生有托叶。花期很短，有些品种的开花时间甚至只有 1 个小时。

金钱木

雅乐之舞

龙舌兰科

龙舌兰科多数生长在热带或亚热带地区，有20余属，其中属于多肉植物的有8～10属，为多年生。它们形态不一，植株有小巧型的，也有高大型的，但一般都有肥厚的叶子，有些叶片中含有丰富的纤维，如剑麻，是重要的纤维作物之一。另外，龙舌兰科中的大多数植物一生只开一次花，植株成熟后，会长出很大的花序，总状花序或圆锥花序，花序很高。其开花的过程很长，需要1～2年时间，当花朵盛开后，植株会逐渐枯死。常见的有虎尾兰属、龙舌兰属等。

虎尾兰属多肉根部肉质，又短又粗，叶片直长，不会透水，可用来制作绳子和弓弦。

龙舌兰属超过200种，不耐严寒，耐半阴和干旱。植株呈莲座状，茎部很短，叶片肉质，生于茎基部位，叶缘和叶尖多有硬刺，边缘锯齿状，呈褐色。花朵顶生，漏斗状，筒短。果实成熟后植株会枯死。

金边龙舌兰

虎尾兰

多肉的购买

网上购买多肉需注意什么

一些“肉友”会选择在网上购买多肉植物，不仅方便快捷，种类还很多。不过，网购多肉也有不少弊端，那怎样才能从网上购买到称心如意的多肉呢？

网上的多肉来源可分为三种：一是大棚多肉，目前较多；二是个人养的多肉，目前较少；三是从外国进口的多肉，目前极少。第一种价格比较便宜，但是多肉相对来说都是小苗；第二种大部分都是比较好的，基本都是成品苗，价格中等；第三种基本都是优质成品，资源很少，价格昂贵。

选择靠谱的网店很重要，建议新手选择一些信誉度高的网店，售后有保障。可以多看看买家的评价，关注一下发货速度、产品包装、产品质量、售后服务等。挑选的时候尽量选择个头较大的，好多网店里的多肉图片都是经过处理的或者是在最佳状态下拍摄的，看上去五颜六色，结果到手是又小又丑，差别很大。卖家的图大多都是近距离拍摄，看上去很大，可收到货后却比较小，这个时候就需要多看看卖家的介绍和买家秀。挑选的时候最好是一物一拍的，尽量多对比几家，同样的价格，就要买状态最好的，特别要仔细看清楚对于尺寸的描述。

怎样在花市挑选肉肉

考虑到网购多肉的一些弊端，很多“肉友”都会选择通过当地的花店、花市来淘自己心仪的肉肉。在花市选购肉肉，需要注意以下几点。

植株以色彩正常，花纹清晰，没有病斑、虫斑和水渍状斑者为佳。多肉植物的虫害多为虫体较小的红蜘蛛和介壳虫，它们多在叶片背面或枝丛间隐藏，挑选时要细心观察。

挑选肉肉时最好选择带须根、根系不干枯的植株，以便买回栽植后在短时间内就能生出新根。

对于已经栽入盆中的植株，注意看看是不是新栽的。如果是出售前新栽的植株，盆土是松软的，轻轻一摇植株会有较大的晃动。这样的植株没有发出新根，买回家后应避免强光照射，控制浇水，一般在 30 ~ 45 天后才可以逐步进行正常管理。

市场上还经常会有一些由多个种类或品种配植在一个容器中的组合盆栽。在选购时不仅要注意植株组合是否错落有致、疏密有间，是不是新奇有趣，还要注意各种类的生活习性是不是相近。这种组合多肉的标价一般会比购买相同数量的单个品种更贵，且组合拼盘的养护需要一些经验和技巧，新人不太容易养好，因此不要贪图一时的新奇而购买。

买回的多肉怎样处理

多肉买回来以后，可先将多肉自带的土壤全部去掉，不管是从花市还是大棚买的，使用的土壤都没有多少营养，还有可能带有虫子和虫卵。尤其是从花市买来的多肉，经常是用黄泥或者沙子种植，一定要丢掉。

多肉植物在生长过程中会消耗最底部的叶片，叶片慢慢干枯并且堆积起来，干枯的叶片很容易引发霉菌。因此，要将新买回的多肉的这些叶片清理掉，否则容易导致害虫在里面产卵，而害虫的传播速度很快，尤其是介壳虫，如果清理不及时，很快就会殃及旁边的多肉。所以，去掉枯叶后还要仔细检查是否有害虫残留。较好的方法就是用多菌灵进行浸泡和清洗，可以先将多肉浸泡 10 分钟，然后再清洗。清洗后的多肉要彻底晾干后再种，晾干时间为 2 ～ 3 天，晾干时要将多肉放在通风良好、干燥的地方，同时避免阳光直射。

新购买的多肉种好后要根据土壤的干湿情况来确定要不要浇水。如果土壤中含有一定水分，种好后的 5 天甚至 1 周之内都不需要浇水。如果土壤过分干燥，根系无法从中吸收水分，很难生出新根，此时，可以采用喷水或少量浇水的方式让根系附近的土壤含有一定水分，便于生根。

此外，新买回的多肉经常会出现掉叶的现象，这主要是因为运输过程中多肉受损伤。多肉生长速度慢，因此种植后恢复时间也较长，还要适应新的气候环境，所以买回来的多肉到家一两周状态不好很正常。做好养护工作，叶色慢慢就会变漂亮。

如果是秋冬季节买回的多肉，可能会有冻伤或者摸着非常冰的情况，这时候就要先将多肉种起来，放在 10℃左右的地方缓和 5 ～ 7 天，再少量浇水，之后慢慢转移到温暖的地方。

多肉种植工具

多肉植物的种植并没有想象中的困难，所需要的工具并不多，且都很常见。在种植多肉植物前对这些简易工具的用途和用法有一些了解，可以保证在正式种植的时候能够熟练运用这些工具，从而达到较好的效果。

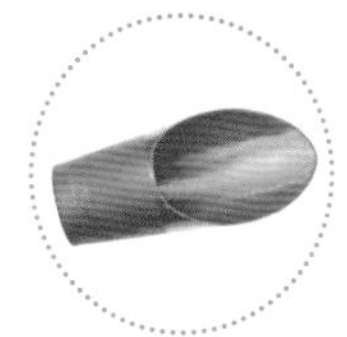

填土器

种植多肉植物或者为多肉植物换盆的时候用来填土的器皿，还可以用来为种好的多肉植物铺入一层颗粒介质。填土器多为塑料制品。

小铲子

主要用来调配多肉植物的土壤，或者在给多肉植物换盆时辅助多肉脱盆，还可以用其铲土以及整理花盆的铺面等。因为多肉植物的花盆大多都很小，所以小铲子也多是迷你型的。

剪刀

多用以修剪多肉植物的枝叶，或者扦插时用来剪取多肉植物的茎，修理多肉植物的根系时也可以利用剪刀。

镊子

主要用来在种植多肉植物时夹住多肉的根部，这样能够更加方便快捷，也可以用来清理多肉植物叶片上的土壤颗粒等。当多肉植物发生虫害时，还可以用镊子将上面的虫卵清理掉。镊子一般有圆头和尖头两种。

喷壶

主要用来在多肉植物周围喷水，这样做的目的是增加空气湿度，防止空气干燥、闷热。在给多肉植物喷药或者施肥时也可以利用喷壶。

浇水壶

为了防止一次性浇水量太大，造成盆土积水从而使多肉植物的根部腐烂，同时也为了避免将水浇在多肉的叶片上从而造成叶片腐烂，建议使用尖嘴挤压式浇水壶。

无纺布

无纺布具有防潮、透气、质轻、无毒无刺激、易分解等特点，可将其裁剪成不同的尺寸。既可以用来作遮挡物，预防害虫或飞虫对多肉植物的侵害，也可以将其垫在花盆底部，防止土壤漏出来。

签字笔

用来记录多肉植物的生长情况，如生长过程中的各种特点以及出现的各种问题等，这样在以后的种植中就可以将其作为一种参考和经验，以提高多肉植物的成活率。

洗耳球

一种橡胶材质的工具，下部为球形，上部为管状。挤压球部就会有风吹出来，多用来清除多肉植物上面的灰尘。

毛刷

清理多肉植物表面的浮尘、土壤颗粒及虫卵时可使用毛刷，但是不能将其用于叶表带霜的多肉植物。没有毛刷的话，可以用软毛牙刷或者毛笔来代替。

竹签

主要是用来查看多肉植物盆土的湿度，操作方法是：将竹签插入种有多肉植物的盆土中，拔出来时如果没有将盆土带出来，说明盆土已略显干燥，可以浇水了。

刀片

在多肉植物的繁殖方法中，分株和扦插是较为常见的两种方法，这时刀片就可以派上用场，可利用其将多肉较为健壮的部分切下来，既方便，又可以避免伤害到多肉的植株。

手套

橡胶手套：具有防水和抗侵蚀的特点，多在给多肉植物浇水或施肥时使用。

工作手套：也就是常见的线织手套，多在日常养护时使用。

皮手套：质地厚，耐磨损，多在修剪有刺的多肉植物时使用，可以起到很好的保护作用。

土壤和颗粒介质

多肉植物一般生长在热带荒漠区，因此适合种植多肉的介质和土壤应该疏松透气，排水良好，无菌无虫，有一定的团粒结构，还要能提供植物生长期所需要的养分。常见的有园土、腐殖土、珍珠岩、泥炭土、赤玉土、煤渣等。

园土

园土又称菜园土或田园土，是经耕作并栽培过花木、蔬菜的土壤。园土比较常见，富含腐殖质，肥力比较高，团粒结构好。配制前将园土在阳光下暴晒，敲细后适合单独使用。

腐殖土

腐殖土是森林中表土层树木的枯枝败叶在长期腐烂发酵以后而形成的，适合用于盆栽。腐殖土不但透气性能好，适合根系生长需要，而且有较好的保水、保肥能力。

珍珠岩

珍珠岩是一种火山喷发的酸性熔岩经过急剧冷却后形成的玻璃质岩石，有珍珠裂隙结构。珍珠岩自身的性质稳定，保水、保肥的能力较强，可用来作盆栽混合物，或用于土壤改良。

泥炭土

泥炭土多为棕黄色或浅褐色，含有大量的有机质，疏松，透气、透水性能好，保水、保肥能力强，是比较优良的盆栽花卉用土。泥炭土可单独用于盆栽，也可以和珍珠岩、蛭石、河沙、椰糠等配合使用。

椰糠

椰糠也称椰纤，是椰子外壳纤维的粉末，保水性和透气性很好，比较适合栽培植物。使用椰糠栽培植物，植物的根系增长会非常快。

煤渣

煤渣是烧煤之后的残渣，如果没有受到污染，就不会带病菌，不易产生病害，且含有较多的微量元素。煤渣刚开始一般呈碱性，需要将其放入水中泡几天，消去碱性以后再使用。

水苔

水苔又称泥炭藓，质地十分柔软，并且吸水力极强，有保水时间较长且透气的特点，能够长久使用。水苔使用前先浸泡在清水里一段时间，吸饱水的水苔体积变大，便可使用。

日向土

日向土是一种火山浮石，为多孔而轻量型的园艺用土，是经过高温杀菌处理的轻石，有助于提高土壤的排水性。日向土作为添加用土，应该适量使用，与赤玉土、鹿沼土混合使用，效果更好。

河沙

河沙又称素沙，是河流中干净的沙，有良好的透水性。

赤玉土

赤玉土是高通透性的火山泥，黄色，圆状颗粒，一般和其他物质混合的百分比是 30% ~ 35%。中粒的赤玉土适用于各种植物盆栽，细粒大多会和鹿沼土、腐叶土等混合使用。

蛭石

蛭石是经过特制加工而成的，能增加介质的通气性和保水性，容易破碎，可选择较粗的薄片状的蛭石作为播种介质和覆盖物。

萌肉配美盆

颜色艳丽、造型优美的肉肉，需要一款和它们相得益彰的花盆，合适的花盆不仅能增强多肉的观赏价值，还可以让它们更加健康地生长。

塑料花盆

塑料花盆的优点主要有价格低廉、盆体轻巧、型号多样等，因为其保水性较好，很适合用于多肉小苗的栽培。需要注意的是市场上有一些仿石材的塑料花盆，由于在制作过程中加入了各种胶，有一定的毒性，不要购买。

陶瓷花盆

陶瓷花盆使用较多，优点是保水性好、色彩美丽、形状多变。色彩绚丽的陶瓷花器搭配姿态各异的多肉，观赏性很强。陶瓷花盆的最大缺点是透气性较差，在闷热的夏季浇水过多，植株可能会因土壤闷热潮湿而被闷死或发生烂根，因此应尽量少用无孔的陶瓷花盆。

陶类花盆

陶类花盆常见的主要有粗陶和红陶两种。粗陶花盆形状多样，造型美观，透气性和保水性适中，适合种植有老桩的多肉，但由于不便移动，其摆放位置也有限制。红陶花盆透气性良好，款式多样，适合新手使用，但不利于水分的保持。

铁质花盆

铁质花盆主要有价格便宜、容易获得、造型多变等优点，一般售卖的铁质花盆都会在表面刷一层防锈漆，可以延缓其生锈时间，还可以增加美观度。此外，铁质花盆也可以自己制作。

木质花盆

木质花盆主要有透气性良好、价格便宜等优点，栽植多肉植物，具有特殊的韵味。木质花盆一般较大，适合摆放在庭院、阳台等处，园艺气息浓厚。木质花盆容易腐殖化，如放在户外使用，一般一年左右就会被腐蚀。

玻璃花盆

玻璃花盆的优点主要是精巧可爱、造型漂亮，用其水培多肉植物，可以很清楚地观察到植物的生长状态，以便随时做出养护调整。玻璃花盆底部没有透气孔，如再不添加防水层，容易使多肉植物根系腐烂。

藤类花盆

藤类花盆在园艺中的使用相对较少，主要有透气性好、价格适中、款式多样、装饰性强等优点。藤类花盆大多较大，比较适合用于户外，摆放在庭院或悬挂于高处，可起到特别好的装饰效果。

★与多肉有关的术语★

繁殖

徒长

多肉植物的徒长是由于光照不足、浇水过多造成的：一种情况是茎节拉长，疯狂生长；另一种情况是叶片变薄，拉长，面积增大。

出锦

出锦是指植物体的茎部、叶片等个别部位的颜色由于浇水、日照、温度以及遗传等因素发生改变，变成白色、黄色、红色等。出锦后的植株更具观赏性。

缀化

缀化是指花卉中常见的畸形变异现象，也称带化变异或鸡冠状变异，即某些品种的多肉植物受到浇水、日照、温度、气候突变等影响，其顶端的生长锥异常分生、加倍，形成许多小的生长点。

休眠

多数多肉植物由于环境气候的因素，某段时间会完全停滞生长，以消耗体内存留的养分生存。这种现象比较明显的时候，就是“休眠”。而一些品种在季节变换时生长缓慢，在通风和遮阴的情况下，则少量生长，称为“半休眠”。

老桩

老桩是指那些生长多年、有明显主干或分枝的多肉植物老株。多肉植物老桩多见于景天科植物。要养成老桩，少则1～2年，多则需要3～5年。

群生

群生常指植物的主体由多个生长点生长出新的分枝与侧芽，并且共同生长在一起的状态。最容易出现群生效果的繁殖方法是扦插（砍头）和叶插。

养护

露养

露养，顾名思义，就是将多肉植物放在室外养。露养的目的是尽可能地让多肉回归自然的养护状态，创造有利条件让多肉长得更好。露养尽量选择一些皮厚耐晒的多肉品种，浅色花盆是优选。状态不是太好、根系不好、刚换盆和病号类的多肉植物不适合露养。

闷养

闷养其实就是制造温室效应，主要就是体现在制造一个类似温室的小环境。闷养可以让多肉植物在最合理的环境下，呈现出最快的生长速度、最标准的特性及最漂亮的品相。闷养的多肉品种多是裸萼、兜、园艺牡丹等仙人掌类，以及玉露、寿等十二卷类。

干透浇透

“干透浇透”，详细来说就是“不干不浇，浇则浇透”，是指当栽培介质干了以后再浇水。“浇透”就是要使盆土上下全部浇湿透。如果浇不透，根系将会吸收不到水，影响植株的生长。

化水

化水就是水分过多或潮湿造成叶片、根茎的腐烂和透明化，最后消失。喝饱了水的多肉植物在高温的状态下膨胀，胀破了细胞壁。多肉植物此时从下而上叶片变得透明，这就是化水。

第二章

轻松养多肉，秘籍大公开

多肉的养护首先要注意光照、温度、浇水、通风等基本方面。如果夏季通风不足或环境潮湿等，多肉还易产生病虫害，这时就要有针对性地采取措施。而对于根系已坏死甚至腐烂的多肉，则应予以修根和换盆，还可适当地修剪枝叶，以保持株型完美。另外还有一点很重要，如果想不断壮大自家的多肉队伍，各种繁殖方法是必须了解的。

★养护多肉的基本条件★

光照

尽管不同的多肉植物对光照的要求不一样，但大部分多肉植物每天都需要一定时间的光照，一些多肉植物还需要特别充足的光照才能生长得更加漂亮、健壮。

多肉植物属于喜光植物，如果光照不足，植株容易徒长，严重影响观赏性，但过多、过强的光照又会使得叶片被晒伤。所以，光照时间和强度应视具体情况而定。

原生环境下的多肉植物每天至少能接受3～4个小时的光照，有的多肉光照时间会达到6～8个小时，甚至会更多。不过，由于受到居住环境和条件的限制，在室内养护的多肉植物不可能达到这么长时间的光照，所以在室内养护的多肉植物相比直接栽种在室外的株型会差一些。在室内环境下养护的多肉，只要每天有2个小时的光照就可以让它们保持美丽的外表。

充足的光照会使多肉植物的茎生长得更加健壮，叶片更加肥厚、饱满，充满光泽，花朵也会鲜艳夺目，而且还不容易出现病害虫。与此相反，光照不充足往往会让多肉植物出现徒长现象，叶片和枝之间的距离拉长，失去光泽，生长畸形，甚至会影响到多肉植物的开花，出现落蕾落花的现象，严重的直接死亡。好在特别严重的情况不多见，大多数情况是植株的抵抗力变弱，不能对抗霉菌，进而出现茎叶腐坏。在春秋季节，天气温暖而湿润，更要增加多肉植物的光照时间。

尽管光照对多肉植物很重要，但也不能让其直接在阳光下暴晒，否则很容易出现晒伤。有些人觉得充足、强烈的光照，就能使多肉植物长得更好，颜色更漂亮，因此会把刚适应了室内环境的多肉植物搬到室外阳光下暴晒，这就会把多肉植物晒伤。所以，在光照强烈的夏季很有必要给多肉植物做一些防晒的措施，特别是那些对高温比较敏感的多肉植物。可以给它们覆盖上一层防晒网，也可以将多肉植物放在玻璃后或者窗帘后，以避免受到较强的紫外线照射。

温度

温度的高低，不仅影响多肉植物的生长状态，甚至还关系着多肉植物能否存活。适宜的温度能让多肉植物在健康生长的同时变得更加有型、艳丽。

多肉适宜的生长温度一般情况下为10 ~ 30℃，在冬季温度过低时，多肉植物就会进入休眠状态。而当温度在0℃以下时，多肉植物就可能出现冻伤，这是因为多肉植物的茎、叶中含有大量的水分，温度过低时植物内部会逐渐结冰。出现这种情况时要停止浇水。如果继续浇水，无法挥发的水分会和土壤一起结成冰，造成植物根系的冻伤，进而破坏植物的恢复功能。所以，冬季温度过低时要把多肉植物转移到室内，要是担心在室内缺乏足够的光照，可将多肉放置在阳光能照射到的封闭阳台上，还要注意保持良好的通风环境。但是如果想让植株保持美丽的形态，仅仅保持良好的通风还是不够的，让多肉植物进入低温的状态是保持其亮丽色彩和形态的一种方法。所谓的低温状态就是让温度保持在5 ~ 10℃，但是记住一定要高于0℃。只要把多肉植株放在这样的恒温环境中，哪怕每天只能接受1个小时的光照，它们也会美丽如初。

多肉植物中也有一些是比较耐寒的，以景天属和长生草属为例，它们能抵抗的最低温度为 -15℃。其中，景天属中的薄雪万年草、垂盆草等在国内很常见，它们经常被用作绿化园林的植物。在冬季温度过低时，景天属中的这些植物地表的叶片会死亡，然而到了下一年春季时，它们又会从地下长出根茎，发出新芽。长生草属的多肉原本就在温度很低的高山之上生长，因此它们都比较耐寒。

在夏季温度超过35℃时，大部分的多肉植物就会进入休眠状态。例如，黑法师在夏季的时候就会出现很明显的休眠迹象，这从它的生长状态就可以看出来，主要表现在温度过高时，它的叶片会卷成玫瑰状，并且最底部的叶片会干枯脱落。过高的温度使多肉植物的根系停止吸收水分，整体的生长状态也会变得很差。此时，应停止浇水，因为浇再多的水，植株也无法吸收，反而会因为温度过高，使花盆内的水快速蒸发，形成高温环境，从而破坏整个植株的状态，导致出现腐烂。所以，夏季高温时对多肉植物要采取一些遮阴措施，使它们能够平安地度过炎热的时光。

浇水

浇水的频率和量的大小要根据多肉植物的生长习性和季节来确定。大部分的多肉植物原产于热带或者亚热带的沙漠，对于这些早已适应干旱气候的多肉植物来说，并不是不需要水分，而是需要适量的水分。比如仙人掌科，这一科植物的生长期一般为夏季，在此期间应该给予适当的水分，到了春秋季它的需水量要比夏季少。到了冬季，如果气温过低，那就应该对植株减少或停止浇水。浇水时尽量不要弄湿植物叶片，还要避免植株中央产生积水。

对于量天尺来说，则恰恰相反。因为量天尺喜欢温暖湿润的环境，对空气湿度的要求也比较高，所以，量天尺就需要多浇水，平时还应该用花洒给其附近的地面喷水，以提高空气湿度。有些多肉植物还有休眠期，可分为冬季休眠型和夏季休眠型。一般来说，休眠期的植株应该减少或停止浇水，主要以喷雾为主，适当维持空气和盆土的湿度，让植物在休眠时不会因为过于干燥而干枯、死亡。总之，多肉植物的浇水，不仅需要注意多肉植物的生长习性，还需注意其生长环境的特点。

通风

通风对多肉植物的生长来说很重要。良好的通风环境不仅可以让多肉植物生长得更好，还可以预防一些病虫害。如果将多肉植物放置在室内养护，就要经常开窗通风，以避免霉菌、白粉病等病虫害的发生。

当然，露养的通风效果更好，可以使多肉植物接受充足的紫外线，促进水分的挥发，因而也更容易度过夏季休眠期。但多肉植物是不是适合露养，还要看情况而定。一般情况下，北方地区适合多肉植物露养，但冬季温度降低时，要将其移至室内养护；南方地区由于降雨较多，环境潮湿，一般不适合露养，如果要露养，就需要做一些防雨措施，并且还要考虑到一些环境的突变，如大雨后的烈日晴天、突如其来的台风等。

安全过四季

春季

大部分的多肉植物在春季的 4 ～ 5 月生长较快。气温上升后，植物的根部活动加快，而且经过之前一年的生长，植株的根系已经充塞盆中，土壤中的营养成分已经消耗殆尽，盆中的土壤也干得比较快，所以要及时给植株补充水分，保持土壤湿润，并且给予适度的光照。一般可以每月施 1 次肥，用盆花专用肥即可。此外，还可以在春季进行换盆，将那些营养耗尽、板结的土壤去除，换上新的土壤。

夏季

夏季是夏型植物的生长期，因此，必须保证夏型多肉植物有充足的光照，但当室外温度超过 35℃时，就要尽量避开阳光直射，将其放在通风的地方。浇水要适量，并要避开午后，选择清晨或傍晚温度不高的时候浇水，注意不要打湿叶片。

冬型多肉植物夏季时基本处于休眠状态，对光照的需求不大，所以要避免阳光直射，将其放在西南方位光线不强且通风的地方。室外温度超过 35℃时，要将植株放回屋内，并开窗使空气流通。夏季要尽量少浇水，高温时可以停止浇水。

秋季

秋季时应将多肉植物转移到光照充足的地方养护。随着天气逐渐转凉，植株生长速度相对加快，一些多肉植物开始慢慢呈现红色。

秋季浇水可按照“生长期的植株多浇水，休眠期的植株少浇水；生长旺盛的植株多浇水，生长势头弱的植株少浇水”的原则进行。到了 11 月初，应该将一些不耐寒的品种转移到室内，而当气温下降到 10℃以下时，要将所有的多肉植物移入室内，入室前应先喷一遍杀虫的药物。

冬季

夏型植物大多喜欢阳光，可在晴天的午后，把这类多肉植物放到室外晒太阳，傍晚时再搬回室内，以保证其生长所需的光照。

大多数多肉植物都耐旱，不耐寒，冬季时要尽量把这些植物放入室内养护，有些较大的植株可在温室养护。夏型多肉植物在冬季处于休眠期，要尽量少浇水或停止浇水，以免造成植物根部腐烂。冬型植物在冬季需要足够的水分，要定期适量浇水。

多肉病虫害的处理

病害防治

黑腐病

黑腐病一般是由于养护环境过于湿润或浇水过多而引起的真菌感染。

防治方法：将植株被感染的部分切除，等伤口干燥后塞入硫黄和碎木炭，然后再对土壤进行杀菌消毒或换掉。

炭疽病

炭疽病多发生在炎热潮湿的季节，发病初期叶片出现褐色的小斑块，后慢慢扩展成为圆形或椭圆形。

防治方法：经常开窗通风换气；用 70% 甲基硫菌灵可湿性粉剂 1000 倍液喷洒。

煤烟病

煤烟病发病时叶片表面出现暗褐色的霉斑，后来逐渐扩大，直至叶片被霉斑完全遮盖，使光合作用受影响而使叶片变黄，并最终导致整株枯萎死亡。

防治方法：经常开窗通风换气，降低室内空气的温度和湿度；使用多菌灵、波尔多液或用 70% 甲基硫菌灵可湿性粉剂 1000 倍液喷洒，每周喷洒 1 次。

锈病

锈病初期在茎表皮发生肿状小点，中央呈黄色或赤褐色，后慢慢向周围扩大。它多是由于盆土过于贫瘠或长期通风不良、植株顶部直接淋水等引发锈菌侵染所致。

防治方法：加强通风，避免在植株顶部淋水；使用 12.5% 烯唑醇可湿性粉剂 2000 ~ 3000 倍液喷洒，每周喷洒 1 次。

虫害防治

介壳虫

介壳虫吸食多肉茎叶的汁液，导致植株生长不良，严重时甚至会枯萎死亡。

防治方法：介壳虫数量少时，可用镊子或毛刷除去，也可用杀扑磷 800 ~ 1000 倍液进行喷杀。

红蜘蛛

红蜘蛛主要危害萝藦科、大戟科、百合科等科的多肉植物，症状表现为叶片出现黄褐色的斑痕或变枯黄脱落。

防治方法：增大环境的湿度来减少和避免虫害蔓延；用 40% 三氯杀螨醇 1000 ~ 1500 倍液进行喷杀。

粉虱

粉虱吸食多肉植物叶片的汁液，会造成叶片发黄、脱落。

防治方法：改善通风环境；虫害初期可用 40% 氧乐果乳油 1000 ~ 2000 倍液喷杀，或用马拉硫磷 500 倍液喷杀，连用 2 天后，再用强力水流喷刷清洗。

多种繁殖方法

播种

播种繁殖要选择果实饱满且无病虫害的种子。多肉植物的种子一般不能存放太久，当季收集之后，应在下一年播种，因为存放时间越长，出芽率就越低。具体步骤如下。

1 准备容器和土壤。播种的土壤颗粒要细一些，以保证其良好的透气性、排水性，以及一定的保水能力。

2 铺底石。在容器底部铺上一层小石子、树皮碎等作为底石，薄薄的就可以，以利于渗水保湿。

3 装土。将土壤装入容器，然后整理平整，再浇水至透。

4 铺赤玉土或蛭石。在土壤表层铺一层颗粒较细的赤玉土或蛭石，以便更好地保水透气。

5 浸盆。将装好土壤的容器浸入水中，直到水从土壤表层浸出，持续半小时即可。

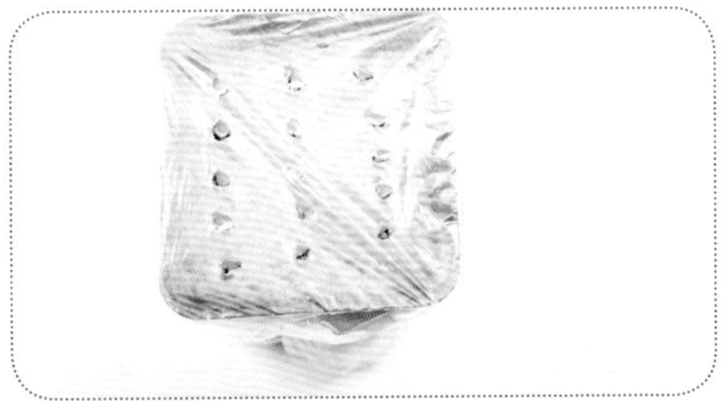

6 播种。用牙签蘸水点种子到土壤表层，不要覆土，盖上一层保鲜膜即可，并用牙签将保鲜膜扎一些孔透气。

分株

分株法是多肉植物较为普遍也较为简单的繁殖方法，比较适合群生状的多肉植物，比如一些易群生的景天科多肉。分株繁殖的具体步骤如下。

1 取出多肉。一手扶住花盆，一手用镊子轻轻敲打花盆，然后从花盆一角插入镊子，自上而下地把多肉植物推出来。

2 整理根系。将根系下部没有营养的旧土清理干净，把盘结在一起的根系疏通顺畅，并把病根剪掉。

3 分株。按照多肉根部的自然伸展，顺势将较大一些的幼株轻轻掰下，或是用刀片将其切下，若切口太湿，可晾晒 1 天。

4 装土。先在花盆底部铺上一层陶粒，然后装入准备好的土壤。

5 入盆。将掰下或切下的幼株种入装好土壤的花盆中。

6 完成。种好后，用毛刷将植株表面及花盆上的泥土扫掉，放在通风散射光处即可。

叶插

叶插成功率较高的多肉植物有白牡丹、黄丽、姬胧月、虹之玉、静夜、黑王子等。具体操作如下。

1 准备叶片。选取植株上健康良好的叶片，轻轻地将其摘取下来，并要避免叶片伤口粘上泥土或水。平常不小心碰掉的叶片只要没有损伤或明显发黄都可以用来做叶插的材料。

2 晾干。如果是新摘取的叶片，需要将其伤口晾干。一般情况下，放置 1 ~ 3 天就可以了，时间太长会使叶片卷曲。

3 准备容器和土壤。将保水性较好且透气、颗粒相对细小的土壤装入一个较浅但较宽的容器中，可以先在底部铺一层陶粒。

4 放入叶片。可以选择将叶片插入土中，也可以将叶片直接平放在土壤上。需要注意的是，要将叶片正面朝上，背面朝下，因为小芽会在叶片正面长出来，放反了会影响其生长。

完成后，将其放在通风且阳光散射的地方，千万不能使其受到阳光的直射，以免水分蒸发过快，造成叶片死亡。另外，由于叶片本身还有大量水分，所以在其生根或出芽前不需要浇水，否则容易出现腐烂现象。

一般情况下，7 ~ 10 天后就会长出根系和嫩芽。如果超过 30 天，根系和嫩芽都没有长出来，那么即是叶插失败。长出根系后要及时将其埋入土中，然后就可以浇适量水了，并可以逐渐将其移至阳光下了。还有一点需要注意，在原叶片完全枯萎前，一定不要摘掉嫩芽。

枝插

枝插繁殖又叫砍头繁殖，是指将植株的分枝剪下来进行扦插的繁殖方法。景天科的很多多肉植物都适合枝插的繁殖方法，如八千代、露娜莲、黑法师等。枝插主要分为以下几个步骤。

1 砍头。选择一株健康的多肉，在合适的地方用刀片或剪刀将其剪切下来。可以选择剪切徒长得比较严重且没有新的侧芽的植株。

2 摘掉下面的叶片。将剪取部分最下面的几个叶片摘掉，露出一段茎部，这样更利于其生根。摘掉的叶片不要丢掉，可以作为叶插的材料。

3 生根。将整理好的分枝稍微晾一下，然后将其架空在一个空的容器上，让茎部在空气中慢慢长出根系。

4 移栽入盆。经过一段时间后就可以看到枝条生根了，这时就可以将其移栽到装有土壤的花盆中了。

让剪切下来的多肉生根的方法除了上面讲的之外，还有其他方法。例如，在准备好的盆土中间挖一个小坑，然后将剪切下来的植株放在上面，避免伤口接触到土壤即可。再有，将植株晾干，即伤口自然愈合以后，也可以将其直接放到土壤表面，这样也能生根。

水培

水培繁殖主要用在养护初期，目的是使其生根，然后再将其移栽到土壤中。水培繁殖具有养护相对简单、生长环境干净、不易生病虫害等优点。但由于水培条件下营养供应不足，所以时间以 2 ~ 3 个月为宜，不可太长。具体操作步骤如下。

1 准备。选择一株生长良好的多肉植物，还要准备一个器皿。

2 剪枝。从准备好的多肉母株上选一个健壮的枝条，用剪刀在叶基下 2 ~ 3 厘米处将其剪掉。

3 摘除叶片。将剪掉的枝条最下面的几个叶片摘除，以留取较长的茎枝。

4 晾干。将整理好的枝条放在通风处晾干，让伤口自然愈合，一定要避免阳光直射。

5 倒水。在准备好的器皿中倒入适量清水，注意不要太满。

6 等待生根。将晾好的枝条放入器皿中，下端不沾水，然后移至有适当遮阴或有散射光的通风处即可。

第三章

多肉大家族，选对养好并不难

多肉植物大都造型奇特，很有个性。本章共选取了120多种常见的多肉植物，并按照相似的外形特征划分不同的系列，详细介绍每一种多肉的形态特征以及怎么养活、怎样养出好的姿态等。对于有些多肉，还通过图片和文字对其相似品种进行了比较。

★ 新手入门系 就是好养活 ★

凝脂莲 *Sedum clavatum*

景天科景天属

多年生半灌木，分枝较多。叶片匙形，互生，排列成莲座状，肉质厚实，翠绿色或嫩绿色，叶面上被白粉。在光照充足、温差大的情况下，叶尖会出现可爱的小红点，叶色变为浅绿色或黄绿色。春季开成簇的白色小花。

养护指南

光照：☀☀☀☀

浇水：💧💧

温度：15～25℃

休眠期：温度低于5℃或高于35℃时

繁殖方式：分株、叶插、枝插

常见病虫害：黑腐病，介壳虫

新手这样养

凝脂莲喜凉爽、干燥和光照充足的环境，光照越充足、昼夜温差越大，叶片色彩越鲜艳。在温度允许的情况下，可放到室外养护，以保证充足的光照。盆土取腐叶土、沙土、园土，按照1：1：1的比例混合配制。生长期每10天左右浇水1次，浇透即可。每月可施1次以磷钾为主的薄肥。夏季植株需要遮阴，并减少浇水，保持良好的通风环境。冬季将植株放在室内向阳的地方养护。每1～2年在春季换盆1次，并将坏死的老根剪去。

养出好姿态

凝脂莲在光照不足或土壤水分过多时会徒长，全株呈浅绿色或深绿色，叶片稀疏、间距伸长，加速向上生长，严重影响其观赏性。可通过修剪顶部枝叶，控制植株高度，保持株型优美。为避免根部水分淤积，可选用底部带排水孔的盆器，新手种植时可选用透气性良好的红陶盆。

小贴士

枝插可用蘖枝或顶枝，剪取的插穗长短不限，但要等剪口晾干后再插入沙床。植株出现介壳虫时，可喷洒护花神或用灌根的方式将其杀灭。

铭月

Sedum adolphi
景天科景天属

多年生亚灌木。分枝较多，茎蔓生或直立，高10～30厘米。叶片互生，多为披针形或倒卵形，先端锐利或稍尖，呈覆瓦状排列。伞状花序，花梗长0.6～1.0厘米，花朵5瓣，椭圆形，萼片一般无柄，三角形至圆球形，先端尖。

新手这样养

铭月喜温暖、干燥、光照充足的环境，在不同光照环境下会呈现出完全不同的颜色和外形。种植时可使用疏松透气的沙质土，否则容易烂根。春、秋、夏三季可将其放在室外养护，春秋季为生长旺季，应保持盆土稍湿润。夏季高温时植株生长减缓，需控制浇水量，保持盆土干燥，露天养护植株要适当遮阴。冬季气温不要低于10℃，浇水要根据室温而定。全年可施肥2～3次，以稀释的饼肥水或多肉专用肥为宜。

养出好姿态

铭月在光照充足的环境下，叶片边缘或全株呈金黄色至橘黄色，日照强烈的环境下全株呈橘黄或橘红色，而在光照不足时，叶片绿色，且叶片间距拉长，观赏性不佳。施肥时不宜过多，否则容易造成叶片疏散、柔软，姿态不佳。植株每隔2～3年换1次盆，春季进行，盆土可用肥沃的园土和粗沙混合，再加入少量的骨粉。

小贴士

全年均可扦插，在春秋季扦插效果最好。方法是剪取顶端的枝条，长度以5～7厘米为宜，在阴凉处放置一段时间后，插入沙床，3～4周可生根。对于炭疽病，可用50%硫菌灵可湿性粉剂500倍液喷洒防治。

养护指南

光照：☀☀☀☀
浇水：💧💧💧
温度：18～25℃
休眠期：夏季高温时
繁殖方式：枝插、叶插
常见病虫害：炭疽病，介壳虫

天使之泪 *Sedum Treleasei*

景天科景天属

叶片长卵形，肥厚，密集排列在枝干的顶端，叶色翠绿至嫩黄绿，新叶叶尖可看到浅浅的棱。强光和昼夜温差大或冬季低温期叶片微嫩黄，弱光则叶色浅绿或绿，叶片拉长。叶片被有细微白粉，老叶光滑。春末或者秋季开钟形的黄色小花。

新手这样养

天使之泪的生长速度很快，充足的光照可让其株型更紧凑，叶色更美丽。配土可选择透气、排水性良好的土壤，取泥炭土和颗粒土以1：1的比例配制。平时可以等土壤接近干透时再浇水。对肥料的需求较少，可将少量的颗粒肥放在土壤的表面。夏季高温时要加强通风，减少浇水的次数和分量。冬季温度低于5℃时，要控制浇水，温度再低时，可将植株搬进室内越冬，把它放在室内向阳的位置养护。如夜间最低温度不低于10℃，并有10℃左右的昼夜温差，可正常浇水，使植株继续生长。

养出好姿态

天使之泪喜光照，除了盛夏季节，温度达到30℃以上的时候要适当遮阴以外，其他的时间都可全日照。但要避免阳光直射，因为强烈的直射光会灼伤叶面。在充分的光照下，天使之泪的叶片排列会更紧凑，叶面白粉更多，秋冬季节温差大的情况下，叶片颜色会带点黄意，尤其动人。如果光照不足，叶片的排列会显得较为松散，叶片更细长，影响植株的观赏性。

小贴士

可在生长季节掰取植株基部萌发的芽，晾几天，等伤口干燥后扦插在赤玉土中。植株的自然出芽率很低，可在生长季节将健壮植株“砍头”。天使之泪的叶片常年嫩绿，可放在庭院、窗台、阳台等处养护和观赏。

相似品种比较

劳尔

劳尔的株型比天使之泪大，叶片带有较多粉，叶背线条是和谐的圆润，而天使之泪则是突然膨胀。

柳叶莲华

柳叶莲华的叶片不是特别肥厚，较为瘦长，带少许粉，叶片的弧度比较平和，尾端比天使之泪更加红润。

养护指南
光照：
浇水：
温度：10 ~ 30℃
休眠期：夏季
繁殖方式：播种、扦插
常见病虫害：叶斑病

黄丽 *Sedum* 'Golden Glow'

景天科景天属

多年生肉质草本植物。植株较小，株高10厘米左右，有短茎。叶片肉质肥厚，匙形，平整光滑，先端渐尖，呈莲座状松散排列。叶片黄绿色，表面有蜡质，光照充足时叶缘泛红。聚伞花序，花小，单瓣，浅黄色，较少开花。

光照：

浇水：

温度：15 ~ 28℃

休眠期：夏季 30℃以上或冬季 5℃以下

繁殖方式：叶插、枝插、分株

常见病虫害：锈病、叶斑病，介壳虫、根结线虫

新手这样养

黄丽性喜光照充足的环境，耐半阴，忌潮湿，适合在疏松、透气透水性较好的土壤中生长。土壤可用泥炭土、培养土和粗沙混合配制。春秋季是黄丽的生长季，浇水可按照“不干不浇，干透浇透”的原则进行，避免产生积水。施肥不可多，可施用一些稀释过的仙人掌液体肥。夏季高温时，给植株适当遮阴，保持盆土稍干燥。冬季寒冷时，将植株转到室内向阳处养护，减少浇水。

养出好姿态

黄丽在光照充足的情况下，叶片边缘会变成漂亮的红色。植株在光线不足时也能生长，但颜色会比较暗淡，茎也会伸长，影响观赏性。植株的叶面不可喷水，盆土不宜产生积水，肥水也不宜接触到肉质叶片，否则容易导致植物腐烂。黄丽盆栽可放在光照充足的窗台，也可放在半阴的室内，不宜在阳光下暴晒以及阴湿的环境中养护。

小贴士

发生介壳虫或根结线虫时，可用40%氧乐果乳油1000倍液或蚧螨灵80 ~ 100倍液，每隔7天喷杀1次，连续喷杀2 ~ 3次。黄丽常被栽培成小盆栽，放在室内客厅、书房、窗台等处养护和观赏。

晚霞

Echeveria Afterglow
景天科拟石莲花属

叶片紧密环形排列，棱角分明，叶面光滑，叶尖到叶心可见轻微的折痕，将叶片分为两部分，叶片边缘很薄，有点像刀口，微微向叶面翻转，叶缘会发红。叶片微蓝粉色或者浅紫粉色，新叶有点偏蓝，老叶像晚霞一样漂亮，叶面微被白粉。

新手这样养

晚霞喜欢光照充足的环境，配土可使用泥炭土、珍珠岩和煤渣，按照1∶1∶1的比例混合。为了避免植株和土表接触，可铺上直径3~5毫米的干净河沙或者浮石。春季和秋季是晚霞的生长期，可以全日照，浇水应按照“不干不浇，干透浇透”的原则。植株在夏季会休眠，此时应通风遮阴，每月浇水3~4次，可少量在盆边给水，以维持植株根系不会因为过度干燥而枯萎。冬季时应尽量少浇水，避免产生烂根，植株在温度低于3℃时应逐渐断水，0℃以下保持盆土干燥。

养出好姿态

晚霞在光照充分时，植株形态紧凑而美丽，叶色变红。如光照不足，植株易徒长，叶片拉长变绿。平时给晚霞浇水时，尽量浇在土里，叶片沾上水分会影响美观，叶片上的白粉也容易被水淋掉。浇水也要避免浇到花心，否则在通风不良的情况下会出现烂心。

小贴士

晚霞的小苗不怎么长侧芽，有了粗大的半木质茎后，才会开始萌发侧芽。在扦插的时候要注意，土壤不宜太湿润，否则容易烂茎。晚霞株型美丽，可放在窗台或案头养护。

养护指南

光照：☀☀☀☀
浇水：💧💧💧
温度：5~25℃
休眠期：夏季
繁殖方式：播种、分株、砍头
常见病虫害：很少有

广寒宫 *Echeveria cante*

景天科拟石莲花属

株高可达10厘米，莲座直径可达40厘米。叶片呈椭圆的倒卵形，先端尖锐，叶片被有厚厚的白粉，在充足的阳光下泛淡紫色，叶缘红色。聚伞圆锥花序，一般有5个分枝，每个分枝有4～12朵花。花冠外部覆盖有白粉，橙色至粉色。

养护指南

光照：☀☀☀☀

浇水：💧💧💧

温度：10 ~ 30℃

休眠期：冬季

繁殖方式：播种、分株、砍头

常见病虫害：茎腐病，介壳虫

新手这样养

广寒宫喜欢充足的光照，春季和秋季是广寒宫的生长期，可以全日照。土壤可用泥炭土、珍珠岩、煤渣按照1∶1∶1的比例混合配制。生长期浇水应“见干见湿，干透浇透”。夏季高温时，植株应适量遮阴，保持良好的通风环境，以防止烈日晒伤叶片，影响整体的观赏性。每个月应浇水3～4次，少量在盆边给水。冬季温度低于3℃时应逐渐断水，0℃以下应保持盆土干燥，尽可能使其生长环境不低于-3℃。

养出好姿态

盆土干燥时能降低广寒宫的高度，避免徒长。非夏季应给足光照甚至露养，植株在阳光充足的情况下，叶片会非常紧凑。光照不足，广寒宫的叶片可能下翻，呈现出“穿裙子”的状态。同时，广寒宫又属于夏末一不小心就很可能黑腐的品种，所以不可以刚过立秋就大量浇水、大胆日晒，这样很容易造成黑腐病。

小贴士

广寒宫生长速度快，消耗也快，快速生长的同时，下部的叶片会快速消耗，往往会积成厚厚的枯叶，应及时清理，避免滋长介壳虫，或者积水闷湿造成茎腐烂。

Echeveria 'Meridian'
景天科拟石莲花属

女王花笠

多年生肉质草本植物，植株生长健壮，按照莲座状排列。叶片呈圆形，宽厚，叶缘呈波状红色或红褐色，有褶皱，像是大波浪的舞裙。叶色为翠绿至红褐色，新叶的颜色较浅，老叶的颜色较深。聚伞花序，开淡黄红色花。

新手这样养

女王花笠喜欢温暖干燥和光照充足的环境，耐半阴和干旱，怕水湿和强光暴晒。盆土一般可用泥炭土、粗沙按照1：1的比例混合配制，再加少量骨粉。生长期盆土不可过湿，每周可浇水1次，一般每月可施肥1次，用稀释的饼肥水或氮、磷、钾比例为15：15：30的盆花专用肥。夏季高温时，应保持良好的通风，适当遮光，控制浇水。冬季时可将植株转入室内养护，室温不低于10℃时可继续生长，在整个冬季需要浇水1～2次，使盆土保持干燥。

养出好姿态

女王花笠需要接受充足的光照，叶色才会艳丽，株型才会更加紧实美观。不过，在夏季高温时需要遮阴50%。光照严重不足时，叶色会变浅，叶片排列松散，失去观赏性。冬季空气干燥时可在植株周围喷雾，不要向叶面喷水，否则叶丛中会有积水，导致叶片腐烂。

养护指南

光照：☀☀☀☀
浇水：💧💧
温度：18～25℃
休眠期：无明显休眠期
繁殖方式：分株、扦插、播种
常见病虫害：很少见

小贴士

女王花笠像红色的舞裙，引人入胜，其盆栽可摆放在窗台、茶几或镜前观赏，在南方，可将其布置在庭院养护。

玉蝶 *Echeveria secunda var. glauca*

景天科拟石莲花属

多年生肉质草本或亚灌木植物，株高可达60厘米，易产生分枝。叶片呈莲座状排列，整齐的叶片呈漏斗状，稍薄，表面是浅绿或者蓝绿色，上面被有白色粉状物或蜡质层。单歧聚伞花序腋生，小花钟形，赭红色，顶端黄色。

养护指南

光照：☀☀☀☀

浇水：💧💧

温度：18～25℃

休眠期：不明显

繁殖方式：分株

常见病虫害：黑腐病

新手这样养

玉蝶生性强健，喜欢温暖干燥、光照充足的生长环境，耐干旱，忌阴湿，可常年放在室内光线明亮、通风良好的地方养护。植株适合在疏松肥沃、排水透气性良好且含有适量钙质的土壤中生长。土壤可用腐叶土、园土、粗沙，按照2∶2∶3的比例混合，并掺入少量骨粉。生长期可使盆土保持偏干一些，每20～30天施1次腐熟的稀薄液肥或“低氮高磷钾”的复合肥。冬季要求有充足的阳光。在夜间最低温度10℃左右，白天不低于15℃。保持盆土湿润，适量施薄肥，可使植株继续生长。

养出好姿态

室外栽培的植株雨季要注意排水，避免长期雨淋，不然会导致叶片发黑腐烂。施肥不宜浓，肥水过量容易导致植株徒长，影响观赏，还要注意不要将肥水溅到叶片上。由于植株生长较快，每年春季可换盆1次，结合换盆可用分株的方式繁殖。

小贴士

玉蝶可在生长期剪取健壮的枝条进行分株繁殖，晾1～2天后在微湿润的土壤中进行扦插。玉蝶株型美观，养护较为容易，适合作盆栽放在几案、阳台等处观赏。

蓝姬莲

Echeveria 'blue minima'

景天科拟石莲花属

肉质叶片匙形，排成紧密的莲座状，叶缘光滑，有细细的长叶尖。叶片明显比较厚，先端急尖。叶色常年蓝白色，叶面上覆有轻微白粉，老叶白粉掉落后呈光滑状。昼夜温差大或冬季低温期叶尖会变成褐红色。簇状花穗，花朵微黄色。

新手这样养

蓝姬莲喜温暖、干燥、光照充足的环境，耐干旱，耐半阴，怕水涝，忌闷热潮湿，具有冷凉季节生长、夏季高温休眠的习性。盆土要求肥沃且有良好的排水性，可用煤渣、泥炭土、珍珠岩，按照5：4：1的比例混合配制。春、秋季和初夏是植株的主要生长期，应给予充足的光照。生长期要保持土壤湿润，避免积水，每20天左右可施肥1次。夏季高温时植株生长缓慢或完全停滞，应适当遮阴，停止施肥，保持良好的通风环境，节制浇水。冬季寒冷时应将其移到室内养护，温度低于5℃时应控制浇水。

养出好姿态

蓝姬莲接受充足的日照时株型矮壮，叶片排列会紧凑，叶色也出现漂亮的灰白色，若光照不足会使植株徒长，叶片拉长、变薄，排列松散，叶色也会变得灰蓝。夏季空气干燥，可向植株周围洒水，需要注意叶面和叶丛中心不可产生积水，否则会造成烂心。

小贴士

蓝姬莲可每隔1～3年换盆1次，盆径比株径大3～6厘米较为适宜，这样可促进植株成长。蓝姬莲适合在室外养护，也可将植株摆放在有日光直射的窗台上。

养护指南

光照：☀☀☀☀

浇水：💧💧

温度：20～30℃

休眠期：夏季高温时

繁殖方式：扦插、叶插

常见病虫害：锈病，象甲

皮氏石莲 *Echeveria desmetiana* De Smet
景天科拟石莲花属

多年生肉质草本植物，茎短小，一般短于10厘米。叶片肉质，狭卵形或倒卵形，整体则呈莲座状，排列较紧密；叶片蓝色，被白粉，光照充足时叶缘呈微粉红色，光照不足时叶片变成蓝绿色。穗状花序，呈倒钟形，花为黄红色。

新手这样养

皮氏石莲喜温暖、干燥、光照充足的环境，耐干旱，忌水湿，不耐霜冻，温度越低叶色越鲜艳。盆土要求肥沃且有良好的排水性，可用腐叶土、河沙、园土和炉渣，按照3：3：1：1的比例混合配制。春、秋季和初夏是植株的主要生长期，应给予充足的光照。浇水可干透浇透，使盆土保持适当干燥。每20天左右施肥1次，可用稀释的饼肥或多肉专用肥。夏季高温时植株生长缓慢或完全停滞，应适当遮阴，停止施肥，保持良好的通风环境，节制浇水。植株不耐寒冷，冬季寒冷时应将其移到室内养护，温度低于5℃时应控制浇水。

小贴士

皮氏石莲植株中大型，可每隔1～3年换盆1次，盆径比株径大3～6厘米较为适宜，这样可促进植株成长。皮氏石莲适合在室外养护，如果没有条件露养，可将植株摆放在有日光直射的窗台上。

养出好姿态

皮氏石莲接受充足的日照时叶色才会艳丽，株型才会更紧实、美观，如果严重缺少光照，叶色会变浅，叶片拉长、变薄，排列松散。夏季高温时空气干燥，可向植株周围洒水，需要注意叶面尤其是叶丛中心不可产生积水，否则会造成烂心。施肥时不要将肥液洒到叶面，以免腐蚀叶面，影响美观。

相似品种比较

鲁氏石莲

鲁氏石莲的叶片为蓝粉偏绿，皮氏石莲的叶片蓝紫偏灰，叶缘粉红；鲁氏石莲叶片较厚，而且晒不红，皮氏石莲叶片很薄；鲁氏石莲叶缘光滑，没有褶皱，叶尖较圆滑，皮氏石莲叶尖两侧有轻微的褶皱，叶片比较尖。

养护指南
光照：
浇水：
温度：20 ~ 30℃
休眠期：夏季高温时
繁殖方式：扦插、播种
常见病虫害：锈病，黑象甲

白凤 *Echeveria* ‘Hakuhou’

景天科拟石莲花属

全株覆满白粉，叶片翠绿，匙形，莲座状排列，叶片长度可达15厘米，宽度为5～7厘米，叶面最大直径可超过20厘米。冬季叶尖、叶缘和老叶易转红色。秋季开花，歧伞花序从叶腋伸出，花朵钟形，花裂片5枚，花色橘红，外面粉红。

养护指南

光照：☀☀☀☀☀

浇水：💧💧

温度：18～25℃

休眠期：夏季高温时

繁殖方式：播种、扦插

常见病虫害：锈病，根结线虫

新手这样养

白凤喜温暖、干燥和光照充足的环境，可全日照。平时叶片呈绿色，日照时间增多后会转为红色。夏季高温时，阳光过于强烈，要注意适当遮阴，最好将植株移到明亮的散射光处，接受充足的日照，控制浇水，等到温度降下来后，再慢慢增加浇水的量。每年春季换盆，盆土可用泥炭土和粗沙的混合土。生长期盆土不宜过湿，每周浇1次水，冬季浇水1～2次即可，保持盆土干燥。生长期每月施1次稀释的饼肥水或多肉专用肥，注意肥液不要沾染叶面。如果空气干燥，可向植株周围喷水，以增加空气湿度。

养出好姿态

叶片中心有很薄的一层白粉，给植株浇水时要避开叶片中心，否则会影响美观。夏季高温时一定要注意保持良好的通风环境，生长在闷热潮湿环境里的白凤，植株容易腐烂。扦插多在春末进行，剪取成熟叶片插于沙床，3周左右后就可生根。

小贴士

出现锈病初期，可用75%百菌清可湿性粉剂500倍液进行喷洒防治，并将出现病变的叶片除去。

锦司晃

Echeveria setosa
景天科拟石莲花属

多年生肉质草本植物，植株丛生。叶片绿色，互生，呈莲座状，大的莲座叶盘由100片以上的叶片组成。叶片根部狭窄，顶端为卵形，微呈红褐色，叶面有密布的白毛。花序高可达20～30厘米，花朵较小，黄红色。

新手这样养

锦司晃喜欢温暖干燥、日照充足的环境，耐旱，耐半阴，需要良好的通风环境。配土一般可用泥炭土、蛭石和珍珠岩的混合土。在春、秋季生长期，应保持盆土湿润而不积水。生长期一般每月施1次腐熟的稀薄液肥或复合肥。夏季温度过高时植株会进入休眠状态，底部叶片干枯脱落，应适当遮阴，并减少浇水。到了冬季，应将植株放在室内光照充足处养护，10℃以上可正常浇水，但不用施肥。

养护指南

光照：☀☀☀☀

浇水：💧💧💧

温度：15 ~ 25℃

休眠期：夏季高温时

繁殖方式：扦插、播种、分株

常见病虫害：锈病、叶斑病

养出好姿态

锦司晃在夏季高温时宜节制浇水，否则基部叶片会发黄萎缩，还要停止施肥，并避免被烈日暴晒。施肥时不要把肥水溅到叶片上，也不要经常向植株喷水，并避免雨淋，否则容易造成叶片腐烂。锦司晃一般多用基部萌生的芽进行扦插，叶插繁殖较困难，也可结合春季换盆以分株的方式进行繁殖。

小贴士

锦司晃株型别致，全体被有短白毛，可作小型盆栽放在窗台、几案等处观赏。

锦晃星 *Echeveria pulvinata*

景天科拟石莲花属

多年生肉质草本植物，茎细棒状，棕褐色，表皮有茸毛，红棕色。叶片肉质，肥厚，轮状互生，卵状倒披针形，整体则呈莲座状。气温低且光照充足的时候，叶端和边缘为红色。晚秋至初春由枝头抽出花梗，穗状花序，花朵钟形，红色。

新手这样养

锦晃星生性强健，喜欢凉爽、干燥和光照充足的环境，忌水湿和闷热，要求排水良好的沙质壤土。在每年早春换盆时，可加入疏松肥沃的腐叶土、培养土和粗沙的混合土。植株生长期不宜多浇水，在夏季高温时会有短暂的休眠，底部叶片会干枯掉落，此时应减少浇水，保持良好的通风环境，阳台栽培要注意不能被阵雨冲淋。生长期每15～20天可施1次“低氮高磷钾”的薄肥，不宜过浓。到了冬季，可将植株放在室内光照充足处养护，保持6～8℃的温度，节制浇水，防止因低温、潮湿引起烂根。

养出好姿态

植株不宜长时间待在半阴处，虽然可以正常生长，但叶缘和叶端的红色会减退，甚至消失。生长期盆土过湿时，容易造成茎、叶徒长，叶片之间的距离拉长，使得观赏性降低，尤其在冬季低温条件下，水分过多还会导致根部腐烂死亡。施肥时注意肥水不要溅到叶片上，否则会形成难看的斑痕。锦晃星的繁殖可在生长期进行扦插，枝插多切取带有叶片的顶枝，长度以10厘米为宜，插于沙土中，10～15天后可生根。

植株发生锈病、叶斑病危害时，可用50%萎锈灵可湿性粉剂2000倍液喷洒。黑象甲可用40%氧乐果乳油1000倍液进行喷杀。

相似品种比较

锦司晃

与锦晃星相比，锦司晃的叶片更厚，且没有茎，叶片边缘也没有锦晃星的红。

红艳辉

红艳辉的叶片比锦晃星的叶片更窄一些，也更加饱满一些。

养护指南
光照：
浇水：
温度：15 ~ 25℃
休眠期：夏季高温时
繁殖方式：枝插、叶插
常见病虫害：叶斑病、锈病，根结线虫、黑象甲

秀妍 *Echeveria Sunyan*

景天科拟石莲花属

植株整体较包裹，单头大小3～4厘米，肉质叶片倒卵匙形，叶尖钝尖，呈深红色。叶片排列为莲座形，内侧新生叶片排列一般不规整，全株一般为（橙）粉色，养护条件得当时叶片呈胭脂色。花期6～8月，聚伞花序，小花红色或紫红色。

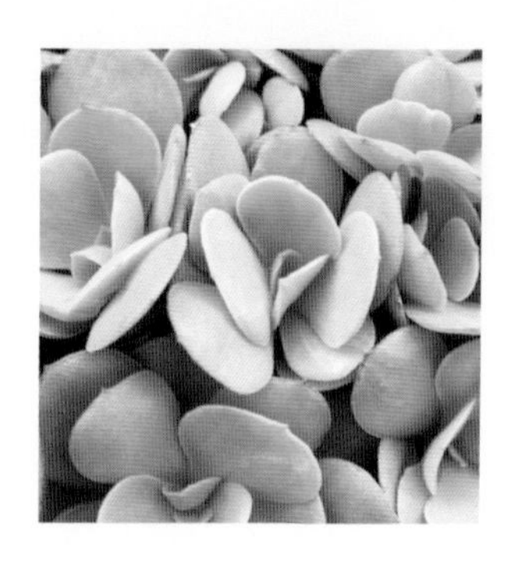

养护指南

光照：☀☀☀☀

浇水：💧💧

温度：5～35℃

休眠期：不明显

繁殖方式：枝插

常见病虫害：很少见

新手这样养

秀妍性喜温暖干燥、光照充足的生长环境，适合在疏松、排水透气性良好的土壤中生长。盆土可用泥炭土、椰糠、赤玉土，按照1∶1∶1的比例混合配制，并在土表铺上干净的河沙或浮石。生长期为春、秋、冬季，浇水要做到“不干不浇，干透浇透”，一般每月可施肥1次。夏季气温高于30℃时，应适当遮阴，并保持良好的通风环境，少量在盆边给水。冬季将植株转到室内养护，温度低于3℃就要逐渐控制浇水，0℃以下保持盆土干燥，尽量保持不低于-5℃。

养出好姿态

秀妍在光照充足的条件下，植株形态更加紧凑，叶片颜色变深；如果光照不足，叶心将泛绿色。浇水过多会导致植株徒长，容易使叶片变长摊开，影响观赏性。在炎热的夏季要为植株做好控水遮阴工作，避免强光灼伤叶片。

小贴士

秀妍易群生，易爆侧芽。控水过度或光照强度太强都会让秀妍的叶片变成深红色，没有通透感。如果是露养，可以设法使紫外线的强度降低，或者缩短浇水间隔，以使叶色鲜亮。

花之鹤

Echeveria pallida prince

景天科拟石莲花属

由“花月夜”和“霜之鹤”杂交而产生的后代，株型较大，可以单头也可以多头生长。叶色较绿，玉质，光照强时边缘可呈现出红色，交互相对生长，呈现不规则的莲花状。

新手这样养

花之鹤喜欢温暖、光照充足的环境，不耐低温，不耐暴晒，适合在排水、透气性良好的沙质土壤中生长。盆土可用泥炭土、煤渣、珍珠岩，按照1∶1∶1的比例混合配制，盆具可使用塑料盆、红陶盆、紫砂盆等。春秋季节为其生长季，浇水可按照“不干不浇，浇则浇透”的原则进行。每20天左右可施1次以磷钾为主的薄肥。夏季高温时，应适当遮阴，注意保持良好的通风环境。冬季应将植株转入室内光照充足的地方养护，如果夜间最低温度在10℃左右，并有一定的昼夜温差，可适当浇水，酌量施肥，使植株继续生长。

养护指南

光照：☀☀☀☀

浇水：💧💧💧

温度：5～35℃

休眠期：夏季高温时

繁殖方式：播种、叶插、砍头

常见病虫害：很少见

养出好姿态

花之鹤喜光照，但光照过强时叶片易老，影响观赏效果，所以气温炎热时可将植株放在早晨、傍晚有光照的阳台或窗台上养护。植株在夏季时要控制浇水，室外养护时要避免淋雨，不要造成盆土积水，否则容易出现腐烂现象。夏季空气干燥时可向植株周围洒水。

小贴士

花之鹤叶插和枝插易出现群生状态，用种子播种为单株苗。此外，也可以利用剥叶、砍头等方式制造不同姿态的老桩。

雪莲 *Echeveria laui*

景天科拟石莲花属

有短茎，一般不出侧芽或分枝。肉质叶片宽大肥厚，倒卵形，呈莲座状排列，顶端圆钝或稍尖。灰绿色的叶片被浓厚的浅蓝色或白色霜粉覆盖，光照充足时会呈现浅粉色或粉紫色。总状花序，花冠红色或橙红色。

新手这样养

雪莲喜凉爽干燥、光照充足和昼夜温差较大的环境，耐干旱，怕积水，适合在疏松透气、排水良好的土壤中生长。盆土可用腐叶土、河沙、园土、炉渣，按照3：3：1：1的比例混合配制，并掺入少量骨粉。春、秋季是雪莲的主要生长期，需要充足的光照，这样株型才会紧凑，叶片肥厚，具有良好的观赏性。浇水按照“不干不浇，浇则浇透”的原则，避免因盆土积水而造成烂根。生长季每20天左右施1次腐熟稀薄液肥或“低氮高磷钾”的复合肥。夏季高温时，雪莲处于休眠或半休眠状态，可将其适当遮阴，节制浇水。到了冬季，应将植株放在室内光照充足处养护，如夜间最低温度在10℃左右，且有一定的昼夜温差，可适当浇水，酌量施肥，使植株继续生长。

养出好姿态

光照不足时会造成雪莲植株徒长，株型松散，叶色黯淡，叶面白粉减少，降低观赏性。夏季高温时要保持良好的通风环境，防止因闷热、潮湿而造成植株腐烂。浇水、施肥时不可将水和肥溅到叶片上，还要避免雨淋，防止将叶面上的白粉冲洗掉。每隔1～2年可在秋季翻盆1次。

小贴士

雪莲的虫害主要有因为通风不良引起的白粉蚧和土壤害虫根粉蚧等，可用杀虫药物进行防治。

雪莲株型美观，叶色白润，其盆栽可放在光照充足的阳台、窗台等处观赏。

相似品种比较

芙蓉雪莲

芙蓉雪莲的叶片比雪莲的要长些，也尖些，从小苗时就有明显的区别，成株一般没有雪莲高，也没有雪莲那么紧凑，叶色偏冷色。

养护指南

光照：

浇水：

温度：5 ~ 25℃

休眠期：夏季高于 25℃或冬季低于 5℃时

繁殖方式：分株、叶插、播种

常见病虫害：白粉蚧、根粉蚧

密叶莲 *Sedeveria* ‘Darley Dale’

景天科景天属 × 拟石莲花属

株高通常30厘米以内，茎半木质化，植株易群生。叶片长匙形，披针形、有短叶尖，排列密集，呈莲座状，叶片绿色，在温差较大、光照充足的环境中叶缘渐变成粉色、红色、橙红色。花期初夏，总状花序，小花钟形，花瓣5枚。

养护指南

光照：☀☀☀☀

浇水：💧💧

温度：10～25℃

休眠期：不明显

繁殖方式：叶插、砍头、分株

常见病虫害：很少见

新手这样养

密叶莲喜温暖、光照充足的环境，适合在疏松透气的土壤中生长。盆土可用泥炭土、珍珠岩，按照2∶1的比例混合配制。春秋生长季可接受全日照。生长季浇水要干透浇透，不宜产生积水。秋季可适当施肥。夏季高温时，植株处于休眠或半休眠状态，可将其适当遮阴，节制浇水，每个月浇3～4次水，少量在盆边给水，维持植株根系不会因为过度干燥而干枯。到了冬季，应将植株放在室内光照充足处养护，室温低于3℃要逐渐少水，0℃时以下保持盆土干燥，最好保持室温不低于-5℃，这样就可安全过冬。

养出好姿态

春秋季节可给予植株充分的光照，光照不足时株心中间的叶片容易泛白。如水分太充足或换季水分给得太多，轻轻碰叶片就会掉下来，也容易腐烂，要少水或循序渐进给水，尽量避免掉叶片或者烂茎。掉落的饱满叶片可叶插，容易成活。

小贴士

密叶莲砍头后易长侧枝，植株的老秆比较容易分枝，为了植株更加美观，长得差不多时就可砍头让其萌发侧芽，这样植株群生后才漂亮。

Sedeveria ‘pink ruby’
景天科景天属 × 拟石莲花属

红宝石

景天属和拟石莲花属杂交的小型多肉品种，叶片匙状，细长，前端较肥厚、斜尖，呈莲花状紧密排列，叶缘红色，远看好似一块绚丽的红宝石。光滑的叶片无论是秋冬季节变红或夏季变绿时，颜色都比较醒目。

新手这样养

红宝石喜光照充足的环境，要求全日照，一年四季都要保证红宝石能接受光照。选择培养土时，用煤渣、泥炭土和少量的珍珠岩混合即可。可长期保持土壤湿润，但避免积水。生长季每1～2周可施1次稀薄饼水肥。在夏季和干旱季节，每天可浇水1～2次，还可向叶片喷水2～3次。在我国北方，冬季不能将植株放到室外，应将其转移到室内，并使室温保持在-4℃以上，当气温达到-5℃时，应慢慢断水，每1～3周施1次稀薄饼水肥或复合肥。

养护指南

光照：☀☀☀☀☀
浇水：💧💧💧
温度：20～30℃
休眠期：夏季高温时
繁殖方式：扦插
常见病虫害：红蜘蛛、蓟马

养出好姿态

植株在光照不足时，叶片会变绿，还会拉长，出现徒长现象，而光照过强时，叶片会红得发黑，叶片上出现黑色斑点，影响植株的观赏性。夏季高温时，红宝石生长缓慢或完全停止，应适当遮光，避免暴晒。夏季浇水要有节制，不能长期雨淋，否则植株会腐烂。

小贴士

红宝石在冬季能够耐-4℃的低温，但也要特别注意，避免冻伤。红宝石易生出侧芽，成群生状态，可利用侧芽扦插进行繁殖。

钱串景天 *Crassula perforata ssp. kougaensis*

景天科青锁龙属

多年生肉质草本植物，植株呈亚灌木状，高约60厘米，有小分枝。肉质叶灰绿至浅绿色，叶缘稍有红色，交互对生，卵圆状三角形，没有叶柄，基部相连接，幼叶上下叠生，叶片上下有少许间隔。叶片长1.5～2.5厘米，宽0.9～1.3厘米。4～5月开白色的花。

养护指南

光照：☀☀☀☀

浇水：💧💧💧

温度：18 ~ 25℃

休眠期：夏季

繁殖方式：枝插、叶插

常见病虫害：灰霉病，粉虱

新手这样养

钱串景天喜欢光照充足和凉爽、干燥的环境，耐半阴，怕水涝。盆土应疏松肥沃，有良好的排水透气性，可用腐叶土、园土、蛭石或粗沙混合土。生长期应保持土壤湿润，避免积水，否则容易造成植株的根、基部腐烂。每15天左右施1次腐熟的稀薄液肥。夏季高温时，植株生长缓慢或完全停止，应将植株放在通风良好处养护，适当遮光，避免烈日暴晒，并停止施肥，控制浇水，以免植株腐烂。冬季可将植株放在室内有阳光处养护。

养出好姿态

每年的9月到第二年的4～5月是钱串景天的生长期，充足的光照可使植株株型矮壮，茎节间排列紧凑。钱串景天在栽培时，可经常修剪过乱的枝条，以保持株型的优美。植株生长过于拥挤时，可在春季或秋季换盆，花盆的大小可根据植株的大小进行选择。

小贴士

钱串景天发生灰霉病时，初期可用甲基硫菌灵、百菌清、多菌灵等药物进行喷杀。钱串景天株型奇特，特别像一串串古代的钱币，适合作小型工艺盆栽摆放在案头、窗台等处观赏。

Crassula 'Tom Thumb'
景天科青锁龙属

小米星

多年生肉质草本植物，是舞乙女和爱星的杂交品种。植株小型，直立丛生，多分枝，茎肉质。叶片肉质，交互对生，卵圆状三角形，上下叠生，无叶柄，浅绿色，叶缘有少许红色。花期4～5月，花白色，簇生，星状，花瓣5～6枚。

新手这样养

小米星喜欢光照充足和凉爽、干燥的环境，耐半阴，怕水涝。培养土可用煤渣、泥炭土、珍珠岩，按照5：4：1的比例混合配制。每年的9月到第二年的6月是植株的生长期，可接受全日照，生长期需要保持盆土湿润，避免产生积水。夏季高温时，整个植株生长缓慢或完全停止，此时应保持良好的通风，并适当遮光，以避免暴晒，导致叶片出现斑痕。冬季应控制浇水，5℃以下就要开始慢慢断水。在室内，植株能耐-2℃左右的低温，温度再低时，叶片的顶端生长点就会出现冻伤，甚至干枯死亡。

养出好姿态

小米星在生长期有足够的光照才会株型矮壮，茎节紧凑，光照不足会使植株徒长，叶片之间的上下距离拉长，株型变得松散，叶缘的红色也会减退。夏季高温时要节制浇水，不能长期受到雨淋，否则植株会腐烂。

小贴士

小米星一般采用枝插法进行繁殖。取生长点完好的健康枝条，以3～5厘米的长度剪下几段枝条，晾干切口，可直接在干的颗粒土或以蛭石为主的配土中进行扦插，几天后就可少量浇水。

养护指南

光照：☀☀☀☀
浇水：💧💧💧
温度：最低生长温度5℃
休眠期：夏季
繁殖方式：枝插
常见病虫害：黑斑病

神刀 *Crassula falcata*

景天科青锁龙属

多年生肉质草本植物，植株矮壮、端正。叶片肥厚，灰绿色，形似镰刀或螺旋桨，紧贴茎部对称生长，排列非常整齐，基部叶片小，越往上长越大。多在夏秋之交开花，花朵橘红色或大红色，由无数朵小花锦簇拼成，花期较长。

养护指南

光照：☀☀☀

浇水：💧💧💧

温度：15 ~ 25℃

休眠期：冬季

繁殖方式：播种、扦插

常见病虫害：灰霉病，粉虱

新手这样养

神刀喜温暖、干燥和半阴的环境，耐干旱，怕积水和强光，夏季一般需遮阴50%。适合肥沃、疏松和排水良好的沙质壤土，可选用盆装腐叶土、培养土和粗沙的混合土，再加入少量骨粉。生长期保持盆土湿润，而秋、冬季则要保持盆土干燥。生长期每月施肥1次，用稀释的饼肥水或氮、磷、钾比例为15：15：30的盆花通用肥，冬季休眠期不施肥。每两年可在春季换盆换土1次。冬季温度不宜低于10℃。

养出好姿态

夏季高温干燥时，可向植株周围喷雾，以增加空气的湿度。冬季室温低，如果盆土潮湿，会导致根部腐烂，茎叶萎缩。由于神刀的须根比较细，一旦干旱，很难恢复其吸收功能，进而引起叶片脱水变软，严重时甚至会导致植株死亡，所以在生长季节要保证水分充足，但在夏季和冬季也不宜让盆土长时间处于干燥状态。

小贴士

如果神刀生长过高，可设支架或摘心，以压低株型。剪下的顶端的枝条可用于扦插。神刀青翠典雅，幼株可放在窗台、书桌或茶几上点缀，美丽而醒目。

Crassula oblique ‘Gollum’
景天科青锁龙属

筒叶花月

多年生肉质灌木植物，分枝较多，茎呈圆柱状，较粗壮，表皮为灰褐色。叶片互生，呈圆筒状，簇生于茎或分枝顶端，长4～5厘米，鲜绿色，若光照不足，叶色会变浅，顶端微黄，冬季叶片截面的边缘为红色。星状花，淡粉白色。

新手这样养

筒叶花月喜欢温暖干燥、光照充足的环境，耐干旱和半阴，除了盛夏高温时应适当遮阴，避免烈日暴晒外，其他季节都要给予充足的光照。栽培适合用疏松透气的轻质酸性土，如腐叶土、草炭土。生长期浇水时要做到“不干不浇，干透浇透”，夏季休眠期应少水或不给水，温度高于35℃时，应将植株移到明亮的散射光下，并慢慢断水。冬季5℃以上给水，5℃以下断水。生长期每月施1次全元素有机肥。根据植株生长的状态，可几年换盆1次。

养出好姿态

筒叶花月需要接受充足的光照，叶色才会艳丽，株型才会更紧实美观。光照太少则叶色变浅绿，叶片排列松散、拉长，并且枝干非常嫩。植株虽然在半阴处也能生长，但叶片会变得细长、松散，株型不丰满、挺拔，影响观赏效果。不宜给筒叶花月植株喷雾或给大水，否则容易引起腐烂。

小贴士

筒叶花月不能长期生长在碱性土壤中，否则会使植株的生长停滞，叶片失去光泽，观赏效果欠佳。筒叶花月叶片翠绿，四季常青，可放在办公室、居室、阳台等处养护和观赏。

养护指南

光照：☀☀☀☀

浇水：💧💧

温度：最低生长温度 5℃

休眠期：气温高于 35℃时

繁殖方式：叶插、枝插

常见病虫害：很少有

火祭 *Crassula capitella* ‘Campfire’

景天科青锁龙属

多年生肉质草本植物，丛生。植株呈四棱状，茎匍匐或直立。叶片肥厚，呈长圆形，交互对生，如果光照充足，叶色为浅绿至鲜红色，尤其是在秋末至春季，由于昼夜温差较大且光照充足，叶色会更加鲜艳。聚伞花序，开黄白色的花。

养护指南

光照：☀☀☀☀

浇水：💧💧💧

温度：18 ~ 24℃

休眠期：气温高于35℃或低于5℃时

繁殖方式：枝插、分株

常见病虫害：很少见

新手这样养

火祭喜凉爽、干燥、光照充足的环境，耐干旱，怕水涝，具有一定的耐寒性，温度允许时，可放到室外养护，这样能保证充足的光照。土壤可用腐叶土、沙土和园土，按1∶1∶1的比例配制。春、秋季是生长期，浇水应干透浇透，每月施1次以磷钾为主的薄肥。夏季高温时会短暂休眠，需适当遮阴，保持良好的通风，一个月浇水2次，维持根系不干。冬季气温低于5℃时，植株停止生长，应减少浇水。为避免根部水分淤积，新手可选用透气性良好的红陶盆。

养出好姿态

火祭在半阴或荫蔽处可以生长，但叶片呈绿色，不能突出品种特征。土壤水分过多时植株易徒长，叶片稀疏，间距伸长，影响观赏性。施肥不宜过多，特别是氮肥，不然会造成植株徒长、叶色不红。植株徒长或长得过高时，可修剪顶部枝叶，以维持株型的优美。每1 ~ 2年可在春季换盆1次，并剪去坏死的老根。

小贴士

火祭养护简单，鲜红的肉质叶充满独特的魅力，观赏价值较高，其多头丛生老株可作中小型垂吊盆景，放在光照充足的窗台、阳台、庭院等处观赏。

江户紫

Kalanchoe marmorata

景天科伽蓝菜属

多年生肉质植物，灌木状直立生长，一般基部有分枝，茎粗壮，呈圆柱形。叶片肥厚，被白粉，表面有红褐至紫褐色斑点或晕纹，呈倒卵形，交互对生，蓝灰至灰绿色，叶缘有不规则的波状齿，长约10厘米。花期春季，花朵白色。

新手这样养

江户紫喜欢温暖干燥、光照充足的环境，耐干旱和半阴，忌水湿。盆土宜用疏松肥沃，具有良好排水、保水性能的沙质土壤。在春、秋季节，应保持土壤湿润而不积水，每月施1次腐熟的稀薄液肥或无机复合肥。强光暴晒和过于荫蔽对植株的生长都不利，夏季高温时要适当遮光，而在其他季节都要给予充足的光照。冬季可将植株放在室内光照充足处养护，如夜间不低于12℃，白天在18℃以上，可正常浇水。

养护指南

光照：☀☀☀☀

浇水：💧💧💧

温度：18 ~ 23℃

休眠期：不明显

繁殖方式：扦插

常见病虫害：很少见

养出好姿态

植株在充足的光照下，叶片肥厚，白粉明显，紫褐色斑点清晰而显著，非常漂亮。如果光线不足，会造成茎叶徒长，株型松散，叶色暗淡，严重影响其观赏性。本种根系发达，可选用较大的花盆栽种。植株在夏季高温时生长缓慢，应加强通风，以免因土壤湿度过大，引起基部茎叶腐烂。每年春季可换盆1次，修剪植株，使株型保持完美。

小贴士

江户紫叶片肥厚，叶面上布满紫褐色斑点，好像一块美丽的调色板，家庭盆栽适合放在阳台、窗台、客厅等处装饰。

唐印 *Kalanchoe thyrsifolia*

景天科伽蓝菜属

多年生肉质草本植物，茎部粗大，多分枝。叶片倒卵形，排列紧密，黄绿色或淡绿色，叶片上被有厚厚的白粉，叶缘有一圈红色的线条。在冷凉季节，光照充足的情况下，叶缘会出现渐层的红色色斑。圆锥花序，花筒形，黄色。

养护指南

光照：☀☀☀☀

浇水：💧💧💧

温度：15～20℃

休眠期：夏季高温

繁殖方式：芽插、叶插

常见病虫害：叶斑病，粉虱

新手这样养

唐印喜光照，耐半阴，在春、秋季的生长旺盛期，要保证充足的光照，经常浇水，使土壤保持湿润。每10天左右施1次腐熟的薄肥，用稀释饼肥水或氮、磷、钾比例为15∶15∶30的盆花专用肥。盆土宜用排水、透气性良好的沙壤土。在夏季高温时，植株长势较弱或完全停止生长，可将其放在通风、凉爽处养护，节制浇水，以防止茎叶腐烂。冬季给予充足的光照，保持盆土适度干燥，能耐3～5℃的低温。可在每年春季换盆1次。

养出好姿态

唐印在充足的光照和较大的温差时，叶片边缘出现漂亮的红色，叶色才会艳丽，株型才会更紧实美观。而在光照不足的情况下，叶色会变微浅绿，叶片拉长，颜色也变得较为暗淡。由于叶面光滑，被有厚白粉，白粉比较涩，所以在浇水、施肥时，注意不要把肥、水溅到叶片上，否则会冲洗掉叶面上的白粉，影响其观赏性。

小贴士

唐印在扦插前，可将插穗稍晾1～2天，插后防止雨淋，保持土壤稍有潮气，这样容易生根。唐印的叶片大、叶色美，株型也很漂亮，不仅可以盆栽观赏，还可经造型后制成盆景或地栽。

千代田之松

Pachyphytum compactum

景天科厚叶草属

多年生肉质草本植物，茎高10厘米，叶片30~60枚，圆梭形，环状互生，有叶尖且尖端部分略有棱，叶片肥厚光滑，叶背有棱线，被有微量白粉，草绿色至墨绿色。初夏开花，簇状花序，30厘米高，花朵红色，钟形，串状排列，花开5枚。

新手这样养

千代田之松喜欢温暖干燥、光照充足的环境，耐旱、耐半阴，可将植株放在光照充足的地方养护。盆土可用泥炭土、珍珠岩加煤渣，按照1∶1∶1的比例混合，可在土表铺上颗粒状的干净河沙或浮石，有助于植株透气。在春秋生长季节，可充分浇水。夏季要适当遮阴，保持良好的通风环境，并减少浇水，少量在盆边给水。冬季维持室温5℃以上，温度低于3℃就要逐渐少水，0℃以下保持盆土干燥，开春给水要循序渐进，否则可能出现烂根。

养护指南

光照：

浇水：

温度：18~25℃

休眠期：不明显

繁殖方式：分株、枝插、叶插

常见病虫害：很少有

养出好姿态

植株在生长季如光线不足，茎部会伸长，株型会松散，观赏性不佳。盆土不宜过湿，否则肉质叶片会徒长，或容易腐烂。千代田之松在砍头后容易长侧枝，不砍头一直养，植株的老茎会长很长，然后再分枝。因此，为了株型美观，在植株长得差不多时就应砍头，让其萌发侧芽，这样植株群生时才漂亮。

小贴士

掉落的叶片只要饱满，都可以用作叶插的材料，很容易成活。千代田之松适合与迷你多肉植物组合栽培，以点缀的方式加入到组合中去，效果更佳。

霜之朝 *xPachyveria* ‘Powder Puff’

景天科厚叶草属 × 拟石莲花属

多年生肉质草本植物。叶片环状排列，肥厚而光滑，扁长梭形，叶端较尖，叶缘呈圆弧状，叶背有棱线，叶面则凹陷，绿蓝色或灰绿色，被有白粉。光照充足时叶片淡紫色或粉红色。总状花序，钟形，串状排列，花瓣5枚或6枚。

养护指南

光照：☀☀☀☀

浇水：💧💧

温度：15 ~ 25℃

休眠期：温度高于 35℃或低于 5℃

繁殖方式：砍头、叶插

常见病虫害：锈病、黑腐病，根结线虫

新手这样养

霜之朝喜欢通风良好、光照充足和稍干燥的环境，不耐阴湿，适合用排水、透气性良好的沙质土壤栽培。盆土可用泥炭土、蛭石、珍珠岩，按照1：1：1的比例混合配制，再添加适量的骨粉。生长期每10天左右可浇水1次，每次浇透即可。每20天左右可施肥1次。夏季高温时，植株要适当遮阴，并保持良好的通风环境。冬季要保持温度不低于5℃，浇水1 ~ 2次，使盆土保持干燥。每1 ~ 2年可在春季换盆1次，并将坏死的老根和过度木质化的茎剪去。

养出好姿态

霜之朝在过度潮湿的环境下容易腐烂，生长期不宜浇水过多。光照越充足、昼夜温差越大，叶片色彩就会越鲜艳润泽。温度适宜时，可将植株放到室外养护，以保证充足的光照。如果光照不足或土壤水分过多，易发生徒长，全株会黯淡发绿，叶片稀疏间距伸长，严重影响观赏性。

小贴士

为避免根部积水，可选用底部带排水孔的盆器。霜之朝株型紧凑小巧，叶片饱满，姿态优雅，可放在露台或光照充足的窗边装饰。

紫牡丹

Sempervium tectorum

景天科长生草属

多年生肉质草本植物。丛生，叶片肥厚，倒卵形至窄长圆形，呈莲座状排列，蓝绿色。叶端紫红色，上面有丝状毛或毫毛，呈蜡质。如果光照充足，叶片会包裹在一起，并在冬春季节呈现出暗红色。聚伞式圆锥花序，花有红、白、黄等色。

新手这样养

紫牡丹在夏季高温时和冬季寒冷时植株都处于休眠状态，主要生长期在较为凉爽的春、秋季节，生长期要求有充足的光照。夏季要保持空气流通，避免暴晒。冬季可耐短暂严寒，但最好放在室内养护，并且尽可能多给予光照。浇水掌握“不干不浇，浇则浇透”的原则，避免长期积水，以免造成烂根。每20天左右施1次腐熟的稀薄液肥或低氮高磷钾的复合肥。冬季夜间温度不低于5℃，白天在15℃以上，植株能继续生长，可正常浇水，并适当施肥。如果控制浇水，使植株休眠，也能耐0℃的低温。

养护指南

光照：☀☀☀☀

浇水：💧💧💧

温度：13 ~ 18℃

休眠期：夏季高温和冬季寒冷时

繁殖方式：播种、分株、砍头

常见病虫害：霉腐病，食叶害虫

养出好姿态

紫牡丹如果接受的光照不足，会导致株型松散，不紧凑，影响观赏性，而在光照充足处生长的植株，叶片肥厚饱满，株型紧凑，叶色靓丽。盆土不能过于干旱，否则植株虽然不会死亡，但生长缓慢，叶色暗淡，缺乏生机。

小贴士

本属多肉十分耐寒，对高温敏感，栽培中要注意空气流通，避免植株腐烂。土壤下层宜用腐质土，上层宜用沙土，微酸性。

观音莲 *Sempervivum tectorum*

景天科长生草属

高山多肉植物，株型紧凑直挺，叶片莲座状环生，扁平细长，富有特殊的金属光泽，前端急尖，叶脉清晰如画，叶缘被有小茸毛。在充足的光照下，叶尖和叶缘能形成特别漂亮的咖啡色或紫红色，像盛开的莲花。

养护指南

光照：☀☀☀

浇水：💧💧

温度：20 ~ 30℃

休眠期：夏季 30℃以上和冬季 5℃以下

繁殖方式：扦插、分株

常见病虫害：红蜘蛛、介壳虫、蚜虫

新手这样养

观音莲喜温暖、半阴的生长环境，不耐热，适合在疏松肥沃、具有良好排水透气性的土壤中生长。盆土可掺入适量腐殖土、河沙或煤球渣。浇水可按照“不干不浇，浇则浇透”的原则，春秋季可每15天左右浇水1次，夏季每4 ~ 5天浇水1次。5月后进入休眠期，可将其放在走廊下或阳台内侧等没有直射阳光、通风良好的地方养护，控制浇水，停止施肥。生长期每20天左右施1次腐熟的稀薄液肥或低氮高磷钾的复合肥。到了冬季，将植株放在室内光照充足的地方养护，冬季夜间温度不低于5℃，白天在15℃以上，植株继续生长，可正常浇水，并适当施肥。

养出好姿态

观音莲生长期不能过于干旱，否则植株生长缓慢，叶色变得暗淡，观赏性降低。在夏季高温期，叶片水分蒸发量大，应经常向叶面喷水，保持植株湿润，同时避免盆中产生积水，否则会引起根系腐烂。

小贴士

观音莲叶色变化多端，观赏性较高，可用作中小型盆栽或组合盆栽，放在书桌、阳台等处养护。繁殖主要靠分株，剪掉叶片中间生长的新枝，扦插在土壤中。

胧月

Graptopetalum paraguayense

景天科风车草属

多年生常绿亚灌木。植株丛生，茎匍匐或下垂，一般从基部分枝，高度通常不超过30厘米，茎直径0.8～1.2厘米。多枚叶片在枝顶簇生，排成莲座状，叶片基生，肥厚，灰蓝色或灰绿色，光照充足时呈淡粉红色或淡紫色。花期3～4月，花朵白色。

新手这样养

胧月适应能力很强，极易养护，喜欢较为干燥、光照充足的环境，不耐阴湿，适合在排水、透气性良好的沙质土壤中栽培。盆土可用松针土、蛭石、腐叶土、沙土，按照1∶1∶1∶1的比例进行配制，这样有利于多余水分的排出和植物根部的生长。生长期可每10天左右浇水1次，每次浇透即可。在夏季高温时，应给植株适当遮阴，并减少浇水。冬季时将植株放于室内向阳处养护。每1～2年在春季换盆1次，并将坏死的老根和过度木质化的茎剪去。

养出好姿态

胧月在温度适宜的情况下，适合在室外养护。光照越充足、昼夜温差越大，叶色就会越鲜艳润泽。如果光照不足，或土壤水分过多，植株会徒长，严重影响观赏性。植株内部的水分含量较高，浇水不宜过多，否则在过度潮湿的环境下容易腐烂。为避免根部水分出现淤积，可选用底部带排水孔的盆器栽种，新手可用透气性良好的红陶盆。

小贴士

平时应及时将干枯的老叶摘除，以免堆积导致细菌滋生。修剪徒长的植株时，可将剪下的分枝伤口晾干，插入沙质、微潮的盆土中生根，成为新的植株。

养护指南

光照：☀☀☀☀

浇水：💧💧

温度：冬季 5℃以上

休眠期：夏季高温时

繁殖方式：扦插

常见病虫害：很少见

白牡丹 *xGraptoveria* ‘Titubans’

景天科风车草属 × 拟石莲花属

多年生肉质植物，是胧月和静夜的杂交品种，多分枝，易群生。叶片肉质，呈倒卵形，互生，排列成莲座形，叶背有龙骨状突起，叶面则较平，颜色为灰白至灰绿色，表面被白粉，叶尖还呈微粉红色。花期春季，歧伞花序，花黄色。

养护指南

光照：☀☀☀☀

浇水：💧💧💧

温度：15 ~ 25℃

休眠期：夏季 35℃以上及冬季 5℃以下

繁殖方式：扦插、分株

常见病虫害：黑腐病，介壳虫

新手这样养

白牡丹喜欢凉爽、干燥和光照充足的环境，宜用排水、透气性良好的沙质土壤栽培。盆土可用腐叶土、沙土和园土，按照1∶1∶1的比例混合配制。在温度允许的情况下，可将其放在室外养护，保证充足的光照。生长期每10天左右浇水1次，每次浇透即可。每月施1次以磷钾为主的薄肥。夏季高温时需要遮阴，减少浇水，保持良好的通风环境。冬季时将植株放于室内向阳处养护。每3 ~ 4年于春季换盆1次，并将坏死的老根剪去。

养出好姿态

空气干燥时可向植株周围洒水，但叶面和叶丛中心不宜积水，否则会导致烂心。夏季高温时注意通风，防止长时间暴晒，否则会伤害叶片。白牡丹在光照不足或土壤水分过多时容易徒长，全株呈浅绿色或深绿色，叶片稀疏，间距变长，影响植株的观赏性。为避免根部水分淤积，可选用底部带排水孔的盆器栽种，新手可用透气性良好的红陶盆。

小贴士

白牡丹的虫害以介壳虫为主，发生初期应剪掉滋生介壳虫的根部，并在患处喷洒护花神或灌根杀灭。黑腐病发病初期可将腐烂的部位彻底剪去，在切口处涂抹少许百菌清、多菌灵等。

子持莲华

Orostachys boehmeri

景天科瓦松属

多年生肉质草本植物，茎匍匐，可萌生侧芽，易群生。叶片呈半圆形或长卵形，排列如莲座状，蓝绿色，表面略有白粉，如果光照不足，叶片形状会由半圆形偏向于长卵形，植株也会变得松散。开有香气的黄色花，开花后植株会死亡。

新手这样养

子持莲华生性强健，喜光照充足的环境，耐寒，也耐潮湿。培养土可用泥炭土加珍珠岩和浮石，以1∶1∶1的比例混合。在春、夏、秋三季生长迅速，可给予其足够的水分，浇水则按照“不干不浇，干透浇透”的原则。夏季基本不休眠，高温时要通风遮阴，每个月浇4～5次水，不宜浇透，维持植株的正常生长。冬季温度低于5℃时，应逐渐断水，保持温度不低于-3℃可安全过冬。

养护指南

光照：☀☀☀☀

浇水：💧💧💧

温度：15～25℃

休眠期：冬季

繁殖方式：砍头、扦插

常见病虫害：根粉蚧

养出好姿态

子持莲华比较喜强光，光线弱时，株型会散掉，叶片甚至茎会徒长。植株在冬季浇水时可选在临近中午较暖和的时间段，夏季浇水可在下午或者晚上较为凉爽的时间段。如果子持莲华的叶片包裹起来，表示进入休眠期了，应控制浇水。冬季温度在0℃以上时，植株一般都能继续生长，再低则应搬进室内向阳处越冬。

小贴士

将子持莲华种植在室内容易导致植株徒长，所以应该将其放在阳光充沛的环境中养护。植株在秋季开花时叶盘会向上抽出花序，开花后植株大多会死亡，因此，可以在开花初期去除花穗。

琉璃殿 *Haworthia limifolia*

百合科十二卷属

叶片肉质，呈莲座状排列，且像风车一样向一个方向旋转，有部分叠生。叶片肥厚，深绿或灰绿色，卵圆状三角形，先端较尖，叶面有明显的龙骨突，叶背密布由小疣组成的瓦楞状突起横条，像琉璃瓦。花朵白色，有绿色中脉。

养护指南

光照：☀☀☀☀

浇水：💧💧💧💧

温度：18 ~ 24℃

休眠期：不明显

繁殖方式：分株、扦插

常见病虫害：叶斑病、根腐病，粉虱、介壳虫

新手这样养

琉璃殿喜欢温暖干燥、光照充足的环境，耐干旱和半阴，不耐水湿和强光暴晒，适合在肥沃、疏松的沙壤土中生长。盆土可用腐叶土、培养土和粗沙的混合土，再加入少量干牛粪和骨粉。生长期保持盆土湿润，不宜时干时湿。每月可施肥1次。冬季温度在10 ~ 12℃时，琉璃殿仍可以正常生长，在5℃以下会进入休眠状态，冬季温度如果不低于8℃，植株可安全越冬。植株生长较慢，可每2年换1次盆。

养出好姿态

琉璃殿在栽培时，光线不宜太强，以充足而明亮的散射光为好，否则叶色会发红，降低其观赏性。养护时盆器要大，培养土要求保水性好但不能过于黏重。分株繁殖全年都可进行，一般在4 ~ 5月换盆时，将母株侧旁分生的小植株从母体剥离，直接盆栽，浇水不宜多，否则会影响根部恢复。

小贴士

发生叶斑病和根腐病时，可用70%甲基硫菌灵可湿性粉剂500倍液喷洒。而对于粉虱和介壳虫，可用40%氧乐果乳油1000倍液喷杀。琉璃殿的叶盘排列和叶面横生的疣突很特殊，适合放在茶几、案头、写字台等处观赏。

玉露

Haworthia cooperi Baker
百合科十二卷属

初为单生，后逐渐呈群生状。肉质叶片翠绿色，呈紧凑的莲座状排列，叶片肥厚饱满，上半段呈透明或半透明状，称为“窗”。有深色的线状脉纹，在阳光较为充足的条件下，其脉纹为褐色。叶顶端有细小的“须”。总状花序，小花白色。

新手这样养

玉露喜凉爽的半阴环境，耐干旱，不耐寒，忌高温潮湿和烈日暴晒，怕荫蔽，适宜在疏松肥沃、排水透气性良好的沙质土壤中生长。主要生长期在春、秋季，应给予充足的光照，浇水掌握“不干不浇，浇则浇透”的原则。每月可施1次腐熟的稀薄液肥或低氮高磷钾的复合肥。夏季高温时，植株呈休眠或半休眠状态，可将其放在通风、凉爽、干燥处养护，控制浇水，停止施肥。冬季可将植株转入室内养护，如果夜间最低温度在8℃左右，白天在20℃以上，可正常浇水，植株能继续生长。

养出好姿态

玉露在生长期如光照不足，会造成株型松散，不紧凑，叶片瘦长，“窗”的透明度差，影响观赏性。但是光照过强，叶片则会生长不良，呈浅红褐色，有时强烈的直射阳光还会灼伤叶片。生长期植株要避免积水，更不能雨淋，避免出现烂根。土壤不宜长期干旱，否则叶片会干瘪，叶色变黯淡。

小贴士

每年春季或秋季可换盆1次。生长期如发现玉露生长停滞，叶片干瘪，很可能是根系损坏，要及时翻盆整理根系。

养护指南

光照：
浇水：
温度：18 ~ 22℃
休眠期：夏季高温或者冬季温度较低时
繁殖方式：分株、扦插、播种
常见病虫害：烂根病，根粉蚧

姬玉露 *Haworthia cooperi var. truncata*

百合科十二卷属

肉质叶片呈紧凑的莲座状排列，叶片肥厚饱满，翠绿色，上半段呈透明或半透明状，有深色的线状脉纹，在阳光较为充足的条件下，其脉纹为红褐色，叶顶端有细小的“须”。

新手这样养

姬玉露喜凉爽的半阴环境，耐干旱，不耐寒，忌高温潮湿和烈日暴晒，适宜在疏松肥沃、排水透气性良好的沙质土壤中生长。盆土可用腐叶土、蛭石，按照2：3的比例混合栽种。主要生长期在春、秋季，应给予充足的光照，浇水“不干不浇，浇则浇透”。每月可施1次腐熟的稀薄液肥或低氮高磷钾的复合肥，新上盆的植株或长势较弱的植株则不必施肥。夏季高温时，植株呈休眠或半休眠状态，可将其放在通风、凉爽、干燥处养护，控制浇水，停止施肥。冬季可将植株转入室内养护，如果夜间最低温度在8℃左右，白天在20℃以上，可正常浇水，植株能继续生长。

养出好姿态

姬玉露在生长期如光照不足，会造成株型松散，不紧凑，叶片瘦长，“窗”的透明度差，影响观赏性。但是光照过强，叶片会生长不良，有时强烈的直射阳光还会灼伤叶片，留下斑痕。生长期植株要避免积水，更不能雨淋，特别是不能长期雨淋，避免出现烂根。

小贴士

空气干燥时可多向植株及周围环境喷水。在生长季可将透明无色饮料瓶剪去上半部，罩在植株上养护，使其在空气湿润的小环境中生长，这样叶片饱满，“窗”的透明度更高。

相似品种比较

冰灯玉露

姬玉露株型较小，植株中间较高；冰灯玉露株型较大，植株中间较平。姬玉露叶缘无毛刺，深色纹路延伸到叶尖；冰灯玉露叶缘有毛刺，纹路没有延伸到叶片顶端。姬玉露是绿色的，遇到强光时叶片会发红；冰灯玉露则会变成紫色。

养护指南
光照：
浇水：
温度：18 ~ 22℃
休眠期：夏季高温时
繁殖方式：分株、播种
常见病虫害：烂根病，根粉蚧

条纹十二卷 *Haworthia fasciata*

百合科十二卷属

多年生肉质草本植物，植株较小，株高、株幅均为15厘米左右，从基部抽芽，群生。叶片三角状披针形，绿色至深绿色，紧密轮生，呈莲座状，叶端渐尖，叶面扁平，叶背横生整齐的白色瘤状突起，形成横向白色条纹。总状花序，花呈筒状。

养护指南

光照：☀☀☀☀

浇水：💧💧

温度：15 ~ 32℃

休眠期：温度高于33℃或低于5℃

繁殖方式：分株、扦插、播种

常见病虫害：根腐病、褐斑病，粉虱、介壳虫

新手这样养

条纹十二卷喜欢温暖干燥、光照充足的环境，怕低温和潮湿。植株对土壤要求不严，适合在肥沃、疏松的沙壤土中生长。春季秋为植株的旺盛生长期，盆土保持偏干为宜，浇水过多易导致根部腐烂，一般每隔3周施1次复合肥。夏季高温时，植株进入休眠期，应适当遮阴，控制浇水，保持良好的通风环境。到了冬季，可将植株搬到室内光线明亮的地方养护，保持室温在10℃以上，盆土以干燥为宜。

养出好姿态

植株生长期如果光线过弱，叶片会退化缩小，冬季也需要充足的光照。冬季盆土不宜过湿，避免导致根部腐烂和叶片萎缩。如果发生根部腐烂，要将植株从盆内托出，剪除腐烂部分，晾干后重新扦插入沙床，生根后即可盆栽。施肥或浇水时应注意不要把植株弄湿。阴雨天不宜放在室外过长时间，否则会受病菌侵染。

小贴士

植株如果出现根腐病和褐斑病，可用65%代森锌可湿性粉剂1500倍液进行喷洒。对于粉虱和介壳虫危害，则可用40%氧乐果乳油1000倍液喷杀。

雅乐之舞 *Pailulacaria afra var. foliis-variegatis*

马齿苋科马齿苋属

多年生肉质灌木植物，植株较矮，分枝较多，新枝为紫红色，老枝为紫褐色。肉质叶片倒卵形，对生，以黄白色为主，中间夹杂着淡绿色，新叶的叶缘还有粉红色晕，随着植株慢慢长大，可整个变成粉红色。小花淡粉色。

新手这样养

雅乐之舞喜温暖、干燥、光照充足的环境，耐干旱，忌阴湿和寒冷，适合在疏松肥沃、透气性好的土壤中生长。盆土可用腐叶土、粗沙、园土，按2∶2∶1的比例混合配制，再掺入少量的草木灰或骨粉。春、秋季是生长旺季，浇水可按照“不干不浇，浇则浇透”的原则，夏季高温时应控制浇水，保持良好的通风环境。生长期每20天左右施1次腐熟的稀薄液肥或复合肥，施肥后应注意松土。冬季可将植株移至室内光照充足处养护，控制浇水，10℃左右可安全越冬。每年春季可翻盆1次，剪除烂根。

养出好姿态

雅乐之舞尽管在半阴和散射光的条件下也可正常生长，但叶片上的斑锦色彩会减退，茎节间的距离拉长，植株变松散，降低观赏性。注意不可使盆土积水，也不要使植株长期雨淋，否则会造成烂根。每年春季可对植株整形，剪去影响树姿的枝条，保持完美的株型。

小贴士

对于锈病，可用12.5%烯唑醇可湿性粉剂2000～3000倍液喷洒；黑腐病多发于夏季，初期可将腐烂的部位彻底剪去。雅乐之舞盆栽可放在客厅、书房及阳台、窗台等处观赏。

光照：

浇水：

温度：21～25℃

休眠期：夏季高温时

繁殖方式：扦插、嫁接

常见病虫害：锈病、黑腐病，白粉虱

金钱木 *Portulaca molokiniensis*

马齿苋科马齿苋属

多年生常绿草本植物，株高50～80厘米。地下有肥大的块茎，但地上却无主茎。叶片从地下的块茎顶端抽出，对生，每个叶轴有6～10对叶片，叶片卵形，厚革质，绿色，有金属光泽。穗状花序，佛焰花苞船形，绿色。

养护指南

光照：☀☀☀☀

浇水：💧💧💧

温度：20～32℃

休眠期：夏季高温时

繁殖方式：分株、扦插

常见病虫害：褐斑病，介壳虫

新手这样养

金钱木喜光照充足和温暖、干燥的环境，耐干旱，忌阴湿和寒冷。土壤可用腐叶土、河沙、园土和炉渣，按照3∶3∶1∶1的比例混合配制。春秋生长季浇水应“不干不浇，浇则浇透”，每月施1次腐熟的稀薄液肥。夏季气温35℃以上时，植株生长缓慢，应通过加盖黑网遮光和给周边环境喷水等措施来降温。气温降到15℃以下后，应停止一切形式的追肥。冬季将植株移到室内光线明亮的地方，保持盆土偏干，维持10℃左右的室温。

养出好姿态

金钱木应摆放在无阳光直射处养护，特别是新抽的嫩叶，更不可接触强光，否则会被灼伤，但环境也不宜太阴暗，否则会导致新叶细长而稀疏，影响美观。夏季温度过高时应减少浇水，避免引起叶片萎缩和落叶。冬季要控制浇水，在低温条件下盆土过湿更容易导致植株根系腐烂，甚至全株死亡。

小贴士

植株出现褐斑病时，初期可用50%的多菌灵可湿性粉剂600倍液或40%的百菌清悬浮液500倍液喷洒，每10天喷洒1次。介壳虫可喷洒20%的噻嗪酮可湿性粉剂1000倍液防治。

佛珠

Senecio rowleyanus
菊科千里光属

多年生草本植物，枝条纤细，呈悬垂状，叶片肉质，圆球形至纺锤形，深绿色，互生，叶片中心有一条透明的纵纹，尾端有微尖状突起。10月份左右开花，顶生头状花序，小花白色或褐色，呈弯钩状。

新手这样养

佛珠喜凉爽、干燥、全日照的生长环境，适应性强，耐半阴，忌闷热潮湿。植株适合在疏松肥沃、富含有机质的土壤中生长，可将煤渣、泥炭土、珍珠岩，按照6：3：1的比例混合配制盆土。每年的3~12月为植株的生长期，需保持土壤微湿，避免积水。夏季温度在35℃以上时，植株生长缓慢，此时应适当遮阴，加强通风，减少浇水，防止因盆土过度潮湿引起根部腐烂。整个冬季要基本断水，5℃以下开始慢慢断水，在盆土干燥的情况下，植株能耐-2℃左右的室内低温，冬季尽量保持0℃以上，否则温度太低植株容易冻伤死亡。

养出好姿态

佛珠在温暖、空气湿度较大、强散射光的环境下生长最佳，生长期需要充足的光照，否则容易徒长，茎变得脆弱，叶片间距会拉开很长，影响观赏性。植株在室外养护时要避免长期雨淋。佛珠1~2年可换盆1次，在初春头次浇水前进行。

小贴士

佛珠扦插可在生长旺盛的春季和秋季进行，剪下一长段健康的佛珠枝条，晾干伤口，扦插在微微湿润的沙土里，在阴凉通风环境下，20天左右基本会生根。

养护指南

光照：☀☀☀☀☀
浇水：💧💧
温度：15~25℃
休眠期：夏季高温时
繁殖方式：扦插
常见病虫害：煤烟病、茎腐病，蜗牛、蚜虫

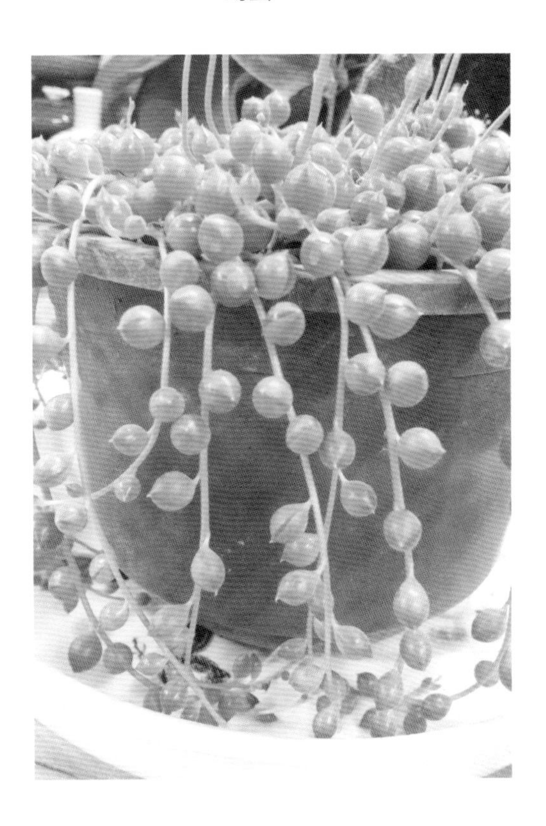

爱之蔓 *Ceropegia woodii*

萝藦科吊灯花属

多年生草本植物。植株下垂，蔓生，株高可达150厘米，幼茎呈圆筒形，后逐渐变成三角形。叶片肥厚，呈肾形，对生，暗绿色，叶背为淡绿色，叶面上有白色条纹。花期夏季，花朵淡紫色，簇生，花蕾似灯形，开花时呈伞形。

养护指南

光照：☀☀☀☀

浇水：💧💧💧

温度：15 ~ 28℃

休眠期：夏季气温超过 32℃或冬季寒冷时

繁殖方式：盆播、扦插

常见病虫害：叶斑病，粉虱

新手这样养

爱之蔓性喜温暖向阳、气候湿润的环境，耐半阴，怕炎热，忌水涝，适合在疏松、排水良好的土壤中生长。盆土可用腐叶土、园土、粗沙，按照1：1：1的比例混合配制，再加少量骨粉。春秋生长季应充分浇水，保持盆土湿润，天气干燥时可向叶面喷水，每半月施1次肥，可用稀释的饼肥水或盆花专用肥。夏季植株处于半休眠期，可减少浇水，每月浇2 ~ 3次即可，冬季要保持盆土稍干燥，每3周浇水1次，使盆土微湿润，如在室内越冬，温度不能低于10℃。

养出好姿态

爱之蔓喜欢光照充足的环境，平时应放在明亮且有散射光的地方。光线充足时，生长繁茂，忌强光直晒，否则叶片会发黄、焦边，影响观赏。植株在生长季浇水不宜过多，盆土长期过湿，盆内有渍水易引起烂根。在室外养护时，雨季应把植株放在通风避雨处。

小贴士

爱之蔓多作吊盆悬挂，也可放在几架上、高花架上或书柜顶上，使茎蔓绕盆下垂，密布如帘，极具观赏性。也可用金属丝扎成造型支架，让植株茎蔓依附其上。

球松 *Sedum multiceps*

景天科景天属

植株低矮，分枝较多，株型近似球状。老茎灰白色，新枝浅绿色，以后渐变为灰褐色。绿色叶片簇生于枝头，肉质，近似针状，但稍宽，老叶干枯后贴在枝干上，形成类似松树皮般的龟裂，脱落后露出光滑的肉质茎。开黄色小花，星状。

新手这样养

球松喜凉爽干燥、光照充足的环境，耐干旱，怕积水。春秋季是球松的主要生长期，可将其放在光照充足的地方养护。盆土应疏松透气，具有良好的排水性，可用园土、沙土、蛭石等材料混合配制。生长期浇水按照“干透浇透，宁干勿湿”的原则，每隔30天可施1次腐熟的稀薄液肥或复合肥，以促进植株生长。夏季高温时，球松处于休眠状态，可将其放在半阴处养护，控制浇水，避免雨淋，以防植株腐烂。到了冬季，将植株移入室内光照充足的地方，控制浇水，使植株休眠，能耐5℃甚至更低的温度。

养出好姿态

生长期如果阳光不足，球松易徒长，影响观赏性。盆内不可长期积水，否则易造成烂根。球松易萌发侧枝，应及时修剪。每年秋季可换盆1次，剪短过长的老根，以促发健壮的新根。

小贴士

球松造型古朴美观，养护容易，可放在书桌、案几等处养护。球松是以观叶为主的多肉植物，花朵并不美丽，出现花序后可及时剪掉，以免消耗过多的养分。

养护指南

光照：☀☀☀☀

浇水：💧💧

温度：15 ~ 25℃

休眠期：夏季高温时

繁殖方式：播种、扦插

常见病虫害：很少有

千佛手 *xSedeveria*‘Harry Butterfield’

景天科景天属

多年生肉质植物。株高15～20厘米，易群生。叶片互生，覆瓦状排列，肉质肥厚，椭圆状披针形，先端较尖。叶片表面光滑，青绿色，微微向内弯。聚伞花序，一般偏生在分枝一侧，花朵星状，黄色，花瓣4～5枚，多在夏季开放。

养护指南

光照：☀☀☀☀

浇水：💧💧

温度：18～25℃

休眠期：不明显

繁殖方式：播种、叶插、分株

常见病虫害：很少见

新手这样养

千佛手喜温暖、干燥和光照充足的环境，耐半阴，耐干旱和强光，忌水湿，可以全日照，适合在疏松、肥沃和排水良好的沙质壤土中生长。盆土可用泥炭土、蛭石、珍珠岩，按照1∶1∶1的比例混合配制，再加入少量的骨粉。生长期应1个月浇水1～2次，保持盆土稍湿润。夏季高温时植株处于半休眠状态，应适当遮阴，保持良好的通风环境，盆土稍干燥。一般在生长期每月可施肥1次，薄肥勤施。到了冬季，可将千佛手摆放在室内温暖、通风和有光照的位置，每月浇水1次，温度不宜低于10℃。

养出好姿态

千佛手浇水不宜多，否则容易产生积水，导致烂根。施肥也要控制量，过多会导致千佛手叶片变得疏散、柔软，姿态欠佳，影响观赏性。春秋季应经常向植株喷水，增加空气湿度。当千佛手生长过密时，可进行疏剪，栽培3～4年后便要重新扦插更新。

小贴士

千佛手的叶片饱满，株型优美，盆栽可放在书桌、窗台、几案等处养护和观赏，青翠光亮，显得十分清雅别致。

玉米石

Sedum album
景天科景天属

多年生肉质草本植物，植株低矮丛生，可长到0.1～0.5米。叶片膨大为卵形或圆筒形，互生，长0.6～1.2厘米，先端钝圆，亮绿色，光滑，外形呈玉米粒样。伞形花序下垂，花白色。花期6～8月。

新手这样养

玉米石喜光照充足、通风良好的环境，耐半阴，在强光下叶色会变红，除盛夏高温时需要适当遮阴外，其他时候均要多见光，可将其长期摆放在光照充足的地方。栽种要求排水良好的沙质壤土，可用沙壤土、腐叶土、河沙、碎砖石砾，按照2∶1∶1∶1的比例混合配制。春季至秋初浇水应做到“不干不浇，干透浇透”。4～9月可每月施肥1次，秋季增施磷、钾肥，冬季停止施肥。玉米石不耐寒，冬季应将其放入室内光线充足的地方养护，将温度保持在10℃以上。

养出好姿态

植株在较阴的环境里，叶色变为翠绿色。不耐水湿，浇水不宜过多，否则株型散乱，叶片易脱落，冬季更应注意控制浇水。施肥时要注意磷钾肥的配合，不可单用氮肥。植株每隔1～2年可在春季换盆1次，其茎叶易断易脱，换盆时应留意。换盆时还可适当修剪，保持美观的株型。

养护指南

光照：☀☀☀☀
浇水：💧💧
温度：能耐 –5℃的低温
休眠期：不明显
繁殖方式：分株、扦插
常见病虫害：茎腐病、根腐病

小贴士

扦插可用小枝或叶片为插穗，生根很容易。植株易患茎腐病和根腐病，应注意控制浇水量，加强通风。玉米石株丛小巧清秀，可作盆栽放在书桌、几案等处观赏。

珊瑚珠 *Sedum stahlii*

景天科景天属

多肉花卉中的小型品种。茎细，叶片绿色，卵形，交互对生，生有细毛，叶片在光照充足和温差大的条件下会变成紫红色或红褐色，并稍带光泽，外观很像小珠子，或像大一号的赤小豆以及微型的葡萄。花期秋季，花较小，白色，成串开放。

养护指南

光照：☀☀☀☀

浇水：💧💧💧

温度：12 ~ 25℃

休眠期：夏季高温时

繁殖方式：叶插、分株

常见病虫害：很少见

新手这样养

珊瑚珠生性强健，喜欢温暖干燥、光照充足的生长环境，为冬型种多肉植物，较适宜在室外种植。其适合在疏松透气的土壤中生长，培养土可用泥炭土、珍珠岩、煤渣，按照1∶1∶1的比例混合配制。植株在生长季节除夏季外可以全日照，夏季高温时，植株进入休眠状态，要注意适当遮阴，保持良好的通风环境。生长期浇水可以少量多次，保持土壤微微湿润就行。到了冬季，应将植株转移到室内养护，可耐-5℃的低温。如果能将室温保持在12℃左右，可适当加些水，保持盆土湿润，使得植株可以继续生长。对于新手花友来说，如果植株在生长期浇水的量不太好控制，可以按照“不干不浇，干透浇透”的浇水原则。

养出好姿态

在室外养护时，要避免植株淋雨，不要造成盆土积水。生长期土壤施肥不宜多，否则容易徒长，使叶形变松散，茎伸长，失去美丽的色彩，影响观赏。

小贴士

珊瑚珠的植株生长较为迅速，容易生出分枝，形成群生状。如果光照足够，植株全年可保持红色。

Echeveria supia
景天科拟石莲花属

酥皮鸭

直立肉质灌木，叶片卵形，小巧而肥厚，叶盘莲座状，叶片光滑，绿色，有叶尖，叶背有一条会发红的棱。在强烈的光照下叶片的顶端和边缘也会发红。花期初夏，异花授粉。

新手这样养

酥皮鸭喜光照充足和凉爽、干燥的环境，耐半阴，怕水涝，忌闷热潮湿，具有冷凉季节生长、夏季高温休眠的习性，适合在透气和排水性都比较好的土壤中生长。盆土可用煤渣、泥炭土、珍珠岩，按照6∶3∶1的比例混合配制。每年的9月至第二年的6月为植株的生长期，需保持土壤微湿，避免积水。夏季温度超过35℃时，整个植株生长基本停滞。这个时候应适当遮阴，减少浇水，防止因盆土过度潮湿引起根部腐烂。冬季应将植株转移到室内养护，室温在5℃以下时应断水。

养出好姿态

在光照充足的地方生长的植株，株型矮壮，叶片之间排列会相对紧凑，而在光照不足时植株容易徒长，叶片间的上下距离会拉得更长，使得株型松散，茎变得很脆弱，影响观赏性。植株在盆土干燥的情况下能耐-2℃左右的室内低温，温度再低的话，叶片的顶端生长点就会出现冻伤、干枯甚至死亡。

小贴士

繁殖以叶插、枝插为主，叶插成型快，枝插存活率高，成型较慢，枝插最好选择在春季和秋季进行。酥皮鸭盆栽可放在窗台、茶几或书桌上观赏。

养护指南

光照：☀☀☀☀
浇水：💧💧💧
温度：10 ~ 30℃
休眠期：夏季高温时
繁殖方式：叶插、枝插、分株
常见病虫害：黑腐病

蓝豆 *Graptopetalum pachyphyllum* Rose

景天科风车草属

叶片娇小，长圆形，环状对生，紧密地向上向内聚拢，叶色多为蓝色，被有一层明显的白粉。叶片先端微尖，常年轻微红褐色。叶色在强光和昼夜温差大或冬季低温期会变成特别漂亮的蓝白色。花序簇状，花朵白红相间，五角形。

养护指南

光照：☀☀☀☀

浇水：💧💧💧

温度：10 ~ 25℃

休眠期：夏季高温时

繁殖方式：扦插、分株

常见病虫害：锈病、叶斑病，根结线虫

新手这样养

蓝豆喜光照充足的环境，生长期可给予其充分的光照。盆土宜用疏松肥沃、具有良好透气性的沙质土壤，可取腐叶土、河沙、园土、炉渣按照3∶3∶1∶1的比例混合配制，并掺入少量的骨粉等钙质材料。浇水可按照“不干不浇，浇则浇透”的原则，避免盆土积水，否则会发生烂根，还要注意不可长期雨淋。在生长季可每20天左右施1次腐熟的稀薄液肥或低氮高磷钾的复合肥。夏季高温时注意适当遮阴，控水，盆土干透后稍微浇点水即可，不用浇透。

养出好姿态

蓝豆需要接受充足的光照，那样才会叶片肥厚，叶色艳丽，株型才会紧实美观；光照不足时，叶片易细长，影响观赏性。植株应每2 ~ 3年换盆1次，可促进成长。夏季高温空气干燥时，可向植株周围洒水，但叶面和叶丛中心不宜积水。施肥时一般在天气晴朗的早上或傍晚进行，不要将肥水溅到叶片上。

小贴士

蓝豆发生锈病、叶斑病和根结线虫危害时，可用75%百菌清可湿性粉剂800倍液进行喷洒，对于黑象甲虫，用25%甲萘威可湿性粉剂500倍液进行喷杀。

Graptosedum ‘Bronze’
景天科风车草属

姬胧月

多年生肉质草本植物，是胧月的杂交变种，株型和石莲花属特别相似，叶片呈瓜子形，排成延长的莲座状，被白粉或叶尖有须。光照不足时叶片呈绿色，低温强光下则会形成红色，叶端较尖。开黄色小花，星状，花瓣被蜡。

新手这样养

姬胧月喜温暖干燥、光照充足的环境，耐干旱。土壤可用沙壤土、粗沙，按照1：1的比例混合配制。春秋季是植株的主要生长期，可在室外养护，全日照。浇水掌握“不干不浇，浇则浇透”的原则，避免盆土产生积水。生长季节每20天左右施1次腐熟的稀薄液肥或低氮高磷钾的复合肥。夏季高温时，将植株放在通风良好处养护，避免烈日暴晒，节制浇水、施肥，可向植株适当喷水降温。到了冬季，将其转移到室内光照充足的地方，如夜间最低温度在10℃左右，并有一定的昼夜温差，可适当浇水，酌量施肥，使植株继续生长。

养出好姿态

生长期如光照不足，会造成植株徒长，株型松散，叶片变薄，叶色黯淡，叶面白粉减少，严重影响观赏性。空气干燥时，可向植株周围洒水，不过叶面特别是叶丛中心不宜积水，否则会造成烂心，还要注意避免长期雨淋。施肥时不要将肥水溅到叶片上。

小贴士

施肥一般在天气晴朗的早上或傍晚进行，当天的傍晚或第二天早上浇1次透水，冲淡土壤中残留的肥液。冬季温度应保持0℃以上，这样植株才能安全越冬。

养护指南

光照：☀☀☀☀

浇水：💧💧💧

温度：7～25℃

休眠期：夏季高温时

繁殖方式：扦插、叶插

常见病虫害：很少见

银星 *Graptoveria* ‘Silver Star’

景天科风车草属

多年生肉质植物，叶片较多，一般成株大概有50片以上，莲座状叶盘较大，株幅可达10厘米，老株易丛生。叶片较厚，长卵形，叶面青绿色略带红褐色，光滑，有光泽，叶片边缘淡晕，叶尖褐色，易变红，有1厘米长。

养护指南

光照：☀☀☀☀☀

浇水：💧💧💧

温度：18～25℃

休眠期：夏季高温时

繁殖方式：扦插

常见病虫害：锈病，黑象甲

新手这样养

银星喜温暖干燥、光照充足的环境，不耐寒，耐干旱和半阴，怕强光暴晒和水湿，适合用肥沃、疏松和排水性良好的沙质壤土栽种。盆土可用泥炭土、培养土、粗沙，按照1∶1∶1的比例混合配制，再加上少量骨粉。在春夏季节生长期，植株可接受全日照。每周浇水1次，使盆土保持湿润。每月施肥1次，可使用多肉专用肥料。夏季高温时，植株进入短暂的休眠期，应适当遮阴，控制浇水，停止施肥。冬季可将植株转入室内光照充足的地方养护，节制浇水，如果温度能够保持在0℃以上，可以正常浇水，0℃以下就要断水，切勿喷雾或给大水。

养出好姿态

银星在夏季高温多雨的时节，要注意通风，通风不良植株易腐烂坏死。扦插全年均可进行，以春秋季为好，插穗可用叶盘顶部，插入沙床，15～20天可生根。每年春季可进行1次换盆。

小贴士

银星的花期在春季，从莲座状叶盘中心抽出花葶，花后叶盘逐渐枯萎死亡。为保护叶盘，在抽薹时可及时剪除。银星可作为盆栽放在几案、书桌等处养护和观赏。

Cotyledon orbiculata
景天科银波锦属

福娘

多分枝的肉质灌木，叶片对生，近似狭长的棒形，长4.5厘米，宽和厚均为2厘米，灰绿色，叶面被有白粉，叶尖和叶缘有暗红或褐红色。花序高70厘米，小花悬垂，红色或橘红色。

新手这样养

福娘喜欢凉爽通风、日照充足的生长环境，它的生长期很长，春秋季为主要生长期。培养土以通风透气、排水良好的为好，一般可用泥炭土、蛭石和珍珠岩的混合土。植株在盛夏高温或中午时需适当遮阴，不宜浇水，休眠时要通风降温，节制浇水，其他季节均要有充足的光照。在生长期浇水可按照“不干不浇，干透浇透”的原则，到了冬季，应保持盆土稍干燥，温度维持在5℃以上即可安全过冬。生长期施肥一般可每月施1次。

养护指南

光照：☀☀☀☀
浇水：💧💧💧
温度：15 ~ 30℃
休眠期：夏季高温时
繁殖方式：扦插
常见病虫害：很少见

养出好姿态

福娘主要用扦插法进行繁殖，多用枝插，叶插的繁殖成功率不高。在生长期选取茎节短、叶片肥厚的插穗，长度为5 ~ 7厘米，以顶端茎节最好，剪口稍干燥后再插入沙床，插后20 ~ 25天会生根，1个月后即可盆栽。种植时应注意不可浇水过多，施肥较少，否则茎容易徒长，会失去观赏性。

小贴士

福娘的叶形奇特，叶色美丽，比较容易栽培成活，盆栽可放置在电视、电脑旁吸收辐射，也可栽植在室内吸收甲醛等物质，净化空气。

乒乓福娘 *Cotyledon orbiculata* cv.

景天科银波锦属

福娘的园艺变种，直立肉质灌木。叶片对生，扁卵形至卵圆形，绿色至灰色，被有白粉。叶片的顶端边缘容易泛红，叶片间经常会出现一条红线。聚伞状圆锥花序，初夏开花，抽出长长的花梗，顶端长出几朵钟形的橙色小花。

养护指南

光照：☀☀☀☀

浇水：💧💧💧

温度：最低生长温度为5℃

休眠期：夏季高温时

繁殖方式：枝插、分株

常见病虫害：很少见

新手这样养

乒乓福娘喜欢凉爽、干燥、光照充足的环境，耐半阴，怕水涝，忌闷热潮湿，属于冷凉季节生长、夏季高温休眠的多肉品种。每年9月到第二年的6月是乒乓福娘的生长期，可放在全日照的阳光房里养护，保持土壤微湿，避免积水。培养土可用煤渣加泥炭土、珍珠岩，比例为6∶3∶1。生长期浇水一般是干透浇透，每月施1次肥。夏季温度在35℃以上时，植株生长基本停滞，此时应减少浇水，加强通风，适当遮阴。到了冬季，将植株转入室内养护，5℃以下要慢慢断水，保持土壤稍干燥。

养出好姿态

植株在生长季光照充足时，株型矮壮，叶片之间排列会相对紧凑，如果光照不足，易出现徒长，叶片之间的上下距离会拉得更长，使得株型松散，茎变得脆弱。夏季浇水时，可在晚上7~9点进行。植株在盆土干燥时可耐-2℃左右的低温，温度再低时，叶片顶端的生长点就会出现冻伤。

小贴士

乒乓福娘可枝插和分株，也可用叶片繁殖。枝插时，应选择春季和秋季。为了保持植株美观，可将高的枝条修剪掉，更容易群生。

Cotyledon pendens
景天科银波锦属

达摩福娘

小型灌木类，叶片椭圆形，淡绿或嫩黄色，被有白粉，叶尖突出，容易变红。由于生长较快，容易从叶腋间长出新的侧芽，且茎较细，所以植株很难一直向上生长，通常一段时间后会匍匐在地面。春末夏初开暗红色的钟形小花。

新手这样养

达摩福娘喜欢日照充足、凉爽通风的生长环境，耐干旱和半阴，生长能力强，容易群生，栽培土一般可用蛭石、泥炭土和珍珠岩的混合土。春秋生长季要给予充足的光照，浇水要按照“不干不浇，干透浇透”的原则，每月可施肥1次。到了夏季，就要注意通风，适当遮阴，高温休眠时要降低温度，节制浇水。冬季可将植株转入室内养护，温度应不低于6℃，保持盆土稍干燥。

养出好姿态

达摩福娘浇水、施肥后生长速度会比较快，但如果浇水过多，施肥较少，容易出现徒长现象，茎很长而且叶片小，所以种植时应适当追肥，注意控水，并给予适当的光照，这样株型才会更漂亮。春秋生长季如光照不足，叶片颜色会变绿，失去红边，而且叶片间距拉长，失去观赏性。

小贴士

达摩福娘主要用枝插法繁殖，在生长期选取茎节短、叶片肥厚的插穗，长度5～7厘米，以顶端茎节最好，待剪口稍干燥后插入沙床，20～25天会生根，30天可盆栽。达摩福娘叶形叶色较美，盆栽可放在电视、电脑旁和案几上养护和观赏。

养护指南

光照：☀☀☀☀
浇水：💧💧
温度：15～25℃
休眠期：夏季高温时
繁殖方式：枝插
常见病虫害：很少见

熊童子 *Cotyledon tomentosa ssp. tomentosa*

景天科银波锦属

多年生肉质草本植物，分枝较多，茎深褐色，肉质叶肥厚，交互对生，卵形，下部全缘，叶端有爪样齿，叶表绿色，密生有白色短毛。在光照充足的生长环境中，叶端齿呈红褐色，像一只小熊的脚掌。夏末至秋季开花，总状花序，小花黄色。

新手这样养

熊童子适宜温暖干燥、光照充足、通风良好的环境，怕寒冷和过分潮湿。盆土要求中等肥力且排水性良好的沙质土壤，生长季每月施1次腐熟的稀薄液肥或复合肥。熊童子怕热，所以当夏季温度超过30℃时，就要减少浇水，以免因盆土过度潮湿，导致根部腐烂。此外，夏季高温时还要适当遮阴，以免烈日晒伤向阳的叶片，产生疤痕，其他季节则要保证充足的光照。冬季温度过低时，要将其移到室内向阳的窗前养护。

养出好姿态

在光照充足的情况下，熊童子的叶片会变得肥厚饱满，如果过于阴暗，茎叶会变得纤细柔弱，茸毛失去光泽。生长季节需要特别注意控制水分，土壤干透后浇透水，避免过湿叶片腐烂，或过干叶片皱缩、掉落。栽培中要避免植株长期淋雨，也不应经常往植株上喷水，否则水滴会滞留在叶片的茸毛上，形成难看的水渍斑，影响其观赏性。

小贴士

发生萎蔫病和叶斑病时，可以用50%克菌丹800倍液进行喷洒。虫害有介壳虫和粉虱，可以用40%氧乐果乳油1000倍液进行喷杀。熊童子株型玲珑秀气，非常可爱，可以作室内的小型盆栽，放在书桌、窗台等处。

相似品种比较

白熊

白熊是熊童子的锦化品种，锦发生在叶片两边或是全锦，经日光照射后其锦也可能变成黄色。另外，熊童子还有一种锦化品种，即黄熊，其锦较少，且常发生在叶片中间。

养护指南
光照：
浇水：
温度：15 ~ 30℃
休眠：夏季
繁殖：扦插
病虫害：萎蔫病、叶斑病

海豹水泡 *Adromischus cooperi var.*

景天科天锦章属

植株矮小，短茎灰褐色。叶片基本为长圆筒形，下部较长的一段几乎为圆柱形，上部稍窄、扁平，近卵圆形，叶面叶背都圆凸，顶端叶缘有轻微波浪形皱纹，灰绿色叶片上有暗紫色斑点，叶片轻覆白粉。花筒圆柱形，花冠5裂，紫色。

光照：

浇水：

温度：冬季温度最低 3℃

休眠期：不明显

繁殖方式：播种、分株、砍头、叶插

常见病虫害：很少见

新手这样养

海豹水泡一般没有明显的休眠期，可以全日照。土壤可用泥炭土、珍珠岩和煤渣，按照1∶1∶1的比例混合配制。为避免植株和土表接触，增加透气性，可在土壤上面铺上颗粒状的干净河沙或浮石。生长期浇水可按照“不干不浇，干透浇透”的原则进行。夏季高温时，可适当遮阴，保持良好的通风环境，每个月浇水3～4次，少量在盆边给水，以度过盛夏，维持植株根系不会因为过度干燥而干枯。到了冬季，温度低于3℃时应减少浇水，0℃以下要保持盆土干燥，室温不低于-3℃时，植株就可安全过冬。

养出好姿态

尽管南北方各方面差异较大，家庭和大棚的养护方法也不太一样，但是海豹水泡是比较好养的品种，没有明显的病虫害。开春浇水要循序渐进，避免植株可能出现的烂根现象。

小贴士

海豹水泡容易掉叶片，尤其是在水分充足时，轻轻一碰叶片就会掉下来，掉落的叶片可用来叶插繁殖，成活率较高。

库珀天锦章 *Adromischus cooperi* (Baker) A. Berger
景天科天锦章属

植株矮小，短茎灰褐色。叶片基本为长圆筒形，下部很长的一段几乎为圆柱形，上部稍宽、稍扁平，近卵圆形，叶背面圆凸，顶端叶缘有波浪形的皱纹，叶片灰绿色，有暗紫色斑点。花序高25厘米，花筒圆柱形，花冠紫色，5裂。

新手这样养

库珀天锦章喜欢干燥凉爽、光照充足、通风良好的环境。盆土可用腐叶土、蛭石、粗沙，按照1∶1∶1的比例混合配制，可再加些草木灰和腐熟的骨粉。生长期为冷凉季节，浇水可按照“不干不浇，干透浇透”的原则，每20天左右施1次低氮高磷钾的复合肥或腐熟的稀薄液肥。夏季高温时，植株基本停止生长，应适当遮阴，节制浇水，保持良好的通风环境。冬季时，植株在7℃以上正常生长，可将其放在有光照处，适当浇水，保持土壤适度湿润。

养护指南

光照：☀☀☀☀

浇水：💧💧

温度：18 ~ 25℃

休眠期：夏季高温时

繁殖方式：播种、分株、砍头、叶插

常见病虫害：根腐病，蚜虫、蚧虫

养出好姿态

尽管库珀天锦章在半阴处也能生长，但过于荫蔽会使植株生长不良，影响观赏。每1 ~ 2年可对植株换盆1次。浇水时不可使土壤积水，开春浇水应循序渐进，否则会出现烂根现象。冬季寒冷时节制浇水，可在3℃的低温下平安越冬。

小贴士

库珀天锦章叶形奇特，色彩别致，可用小花盆栽种，适合放在窗台、几案、书桌等处观赏，独具情趣。一旦发生蚜虫或蚧虫时，可用刀片刮除或用肥皂水冲洗，严重时可喷洒氧乐果乳剂防治。

翠绿石 *Adromischus herrei*

景天科天锦章属

多年生肉质植物，株高10厘米左右，有短茎，叶片肉质，对生排列，呈纺锤形，两头尖，叶面粗糙，均匀分布着疙瘩，但有光泽，叶片绿色或翠绿色，新叶经阳光暴晒呈紫红色。花期5～7月，总状花序，花朵较小，先端5裂。

养护指南

光照：☀☀☀☀

浇水：💧💧💧

温度：冬季不低于 -4℃

休眠期：夏季高温时

繁殖方式：砍头、叶插

常见病虫害：很少见

新手这样养

翠绿石喜温暖干燥、光照充足的环境，耐半阴，不耐寒，忌高温和积水，适宜在疏松肥沃，排水良好的土壤中生长。培养土可以用煤渣、泥炭土、珍珠岩，按照6：3：1的比例混合配制。9～12月和3～6月是植株的生长期，需要保持土壤湿润但不产生积水。夏季高温时整个植株生长缓慢或完全停止，可将植株适当遮光，保持良好的通风环境，节制浇水。整个冬季植株应少水或基本断水。

养出好姿态

在光照充足的环境里生长的植株，株型矮壮，叶片排列紧凑。如光照不足，叶片会徒长，松散拉长，叶片颜色会慢慢黯淡。在室外养护时不能长期受雨淋，否则植株会腐烂。翠绿石能耐-4℃左右的室内低温，温度再低时叶片和植株的顶端生长点就会出现冻伤，甚至干枯死亡。

小贴士

翠绿石的繁殖一般是砍头或叶插，砍下来可直接扦插在干的颗粒土中，几天后少量给水，发根比较容易。其株型小巧可爱，叶形奇特，好似小苦瓜，可用小盆栽种，放在几案、桌面、窗台等处观赏。

小人祭

Aeonium sedifolius

景天科莲花掌属

分枝较多，叶片细小，卵状，排列成莲花状，叶片有黏性，叶片绿色中间带紫红纹，叶缘也有红边。在光照充足的情况下，叶片会变色，紫红色的纹理也会更加明显。小人祭在春季开花，总状花序，小花黄色。

新手这样养

小人祭生性强健，喜温暖、干燥和光照充足的环境，耐干旱。平日植株的颜色为绿色，随着日照时间和强度的增加，颜色加深，在特定的环境下，叶片会呈现红色。生长期浇水可按照“不干不浇，干透浇透”的原则，可适当延长浇水的间隔。一般每隔30天施1次肥。植株在夏季高温时休眠，此时叶片会包起来，应适当遮阴，停止浇水。冬季低于5℃时，植株容易冻伤，应将植株转入室内养护，保持盆土干燥，安全过冬。

养护指南

光照：☀☀☀☀

浇水：💧💧💧

温度：15 ~ 25℃

休眠期：夏季高温时

繁殖方式：枝插

常见病虫害：不明显

养出好姿态

小人祭养护期间应保证充足的光照，因为其在半阴处待久了会叶片变绿，茎徒长，导致株型松散，影响观赏性。休眠期的植株应少施肥或不施肥，否则会烧根而死。春季是小人祭开花的季节，在浇水时可适当施肥，给予足够的营养促进开花。开花后的枝条会干枯死掉，但下部会萌生出新的侧芽。

小贴士

植株用枝插法繁殖比较容易。在春秋生长季节，剪下一小段带叶枝条插入土中即可。小人祭生长速度比较快，很容易长成一片遮住其他多肉，可利用这一点单独造景。

茜之塔 *Crassula corymbulosa*

景天科青锁龙属

矮小的植株呈丛生状，株高仅5～8厘米，直立生长。叶片对生，心形或长三角形，密集排列成4列，叶色浓绿，在冬季和早春的冷凉季节或光照充足的条件下，叶片呈红褐色或褐色，整齐层叠的紫红色叶片让人想到红色佛塔，所以得名。

养护指南

光照：☀☀☀☀

浇水：💧💧💧

温度：18～24℃

休眠期：夏季高温时

繁殖方式：播种、扦插、分株

常见病虫害：叶斑病，介壳虫

新手这样养

茜之塔喜欢光照充足和温暖、湿润的环境，耐干旱和半阴，忌闷热和过于荫蔽。盆土要求疏松、肥沃，且有良好的排水性，可用园土、粗沙、腐叶土，按照2∶1∶1的比例混合配制，并加入少量的骨粉和鸡、牛粪作基肥。主要生长期在春季、初夏及秋季，应保持盆土湿润而不积水，每半个月施1次腐熟的稀薄液肥或低氮高磷钾的复合肥。夏季高温时，植株处于休眠或半休眠状态，生长缓慢或完全停止，可适当遮阴，放在通风凉爽、光线明亮的地方养护，不必浇过多的水。冬季将植株放在室内光照充足处，10℃以上植株可继续生长，此时可适当浇些水。

养出好姿态

肥料施用量不宜过多，否则会造成茎叶徒长，节间距离伸长，植株变松散，影响观赏性。植株长满花盆时，可在春季进行换盆，分株也可结合换盆进行，将生长密集的植株分开，每3～4支一丛，直接上盆栽种。

小贴士

茜之塔株型奇特，叶片排列齐整，好像层层叠叠的玲珑宝塔，适合作小型工艺盆栽，放在阳光明亮的窗台、露台等处养护、观赏。

若歌诗

Crassula rogersii

景天科青锁龙属

植株易丛生，茎淡绿色，细柱状，冷凉季节在阳光下会变红色。叶片肉质，对生，叶片长3～3.5厘米，叶形像微型的汤匙，叶缘微黄或微红色，在充足的光照下，叶片会变得肥厚饱满，全叶覆盖有细细的茸毛，新叶片错位排列。秋季开花，花色淡绿。

新手这样养

若歌诗喜欢温暖干燥、光照充足的环境，不耐低温。培养土一般可用泥炭土、蛭石和珍珠岩，按照1：1：1的比例混合配制。生长期浇水可按照“不干不浇，干透浇透”的原则，一般每隔2月施肥1次。梅雨季节和高温季节，一般每周可浇水1～2次。到了冬季，可将植株转入室内光照充足的通风处养护，植株逐渐进入休眠状态时应使盆土保持干燥。冬季温度不低于5℃时，植株可安全越冬。

养出好姿态

为植株浇水时不要将水滴洒在叶片上，否则水分在蒸发后叶片就会留下斑点，影响观赏。浇水过多，且光照不足时，植株易徒长，叶片变瘦，茎还一直拔高。若歌诗每2～3年需重新扦插更新，全年都可以进行，以春、秋季为佳，其时它生根快，成活率高。剪取较整齐的枝叶插于沙盆中，插后20～25天生根，待根长2～3厘米时即可上盆。

小贴士

若歌诗茎叶丛生，四季碧绿，株型像石松，可用于盆栽观赏，放在茶几、案头、书案等处养护。

养护指南

光照：

浇水：

温度：18～24℃

休眠期：不明显

繁殖方式：枝插

常见病虫害：叶斑病、茎腐病

月兔耳 *Kalanchoe tomentosa*

景天科伽蓝菜属

直立肉质灌木，叶片对生，长梭形，形似兔耳，植株密被茸毛，叶片边缘着生褐色斑纹，整个叶片及茎密布凌乱茸毛，新叶金黄色，老叶颜色微微黄褐色。初夏开花，聚伞花序，花序较高，花朵白粉色，花瓣4枚。

新手这样养

月兔耳喜光照充足和凉爽、干燥的环境，耐半阴，怕水涝，忌闷热潮湿，冷凉季节生长，夏季高温休眠。培养土可用煤渣、泥炭土、珍珠岩，按照 6∶3∶1的比例混合配制。每年的9月到第二年的6月为植株的生长期，需要充足的光照，且需保持土壤微湿润，避免积水。夏季温度超过35℃时，植株生长基本停滞，应适当遮阴，减少浇水，并加强通风。冬季应将植株转入室内光照充足的地方养护，基本断水，5℃以下就要慢慢断水，在盆土干燥的情况下能耐–2℃左右的低温。

养出好姿态

在光照充足处生长的月兔耳株型矮壮，叶片之间排列相对紧凑，叶尖会出现褐色的斑纹。如光照不足时植株容易徒长，叶片间的上下距离会拉得更长，使得株型松散，叶片颜色变淡，影响观赏性。夏季要给植株少量的水，否则老叶容易干枯，一个月可给2次水，一般在晚上7～9点给水。月兔耳长得相对较快，每隔1～2年可换盆1次，多在初春第一次浇水前进行换盆。扦插应该选择春季和秋季进行，不要经常给水，否则容易烂茎。

小贴士

为了避免出现病害，可用新鲜土壤作为栽培土。月兔耳的叶形、叶色都比较美，有一定的观赏价值，盆栽可放在电视、电脑旁和书桌、窗台等处养护观赏。

相似品种比较

黑兔耳

黑兔耳的叶片有些偏黑，比月兔耳的叶色要深；月兔耳叶片边缘的褐色斑点颜色相对较浅，黑兔耳的叶片边缘容易发黑，轮廓明显；月兔耳的叶片会随着植株的生长而变得越来越宽，黑兔耳则拥有更加短小厚实的叶片。

养护指南
光照：
浇水：
温度：18 ~ 22℃
休眠期：夏季高温时
繁殖方式：砍头、分株
常见病虫害：粉虱、介壳虫

黑兔耳 *Kalanchoe tomentosa* ‘Chocolate Soldier’

景天科伽蓝菜属

直立肉质灌木，株高80厘米，株幅20厘米。叶片对生，长梭形，叶片被深褐色的斑点包围，像是涂上了一层巧克力外衣。新叶黄褐色，老叶变为黑褐色。初夏开花，聚伞花序，花序较高，花朵钟状，黄绿色，花瓣4枚。

养护指南

光照：☀☀☀☀
浇水：💧💧💧
温度：10 ~ 26℃
休眠期：夏季高温时
繁殖方式：砍头、分株
常见病虫害：很少见

新手这样养

黑兔耳喜光照充足和凉爽、干燥的生长环境，耐半阴，忌闷热潮湿，具有冷凉季节生长、夏季高温休眠的习性。培养土可用煤渣、泥炭土、珍珠岩，按照6：3：1的比例混合配制，可在土壤表层铺设河沙。9月到第二年的6月为植株的生长期，在此期间，应给予植株充足的光照，保持土壤微湿润，避免产生积水。夏季温度超过35℃时，植株基本停止生长，应适当遮阴，减少浇水，并加强通风。到了冬季，在盆土干燥的情况下，植株能耐-2℃左右的低温。

养出好姿态

植株在生长期需要充足的光照，这样株型才会矮壮，叶片边缘才易出黑斑，连带叶缘周围、茸毛也会呈现灰褐色。如光照不足，植株易徒长，叶片间的上下距离会拉得更长，使得株型松散，茎变得很脆弱，黑斑不明显，严重影响观赏性。植株不可长期淋雨，避免产生积水烂叶，盆土长期潮湿也容易烂根。

小贴士

黑兔耳扦插应选择春秋季进行，剪取健康的老枝条，晾干，扦插在微湿润的沙土中，在阴凉通风环境下，20天以上基本会长根，扦插时不要经常给水。

万象

Haworthia maughanii

百合科十二卷属

有粗壮的肉质根，肉质叶排列成松散的莲座状，叶从基部斜出，绿色，半圆筒形，长2.5厘米或更长，基部宽约1.5厘米，顶端截形，多为圆形，也有近似三角形或其他不规则形状。截面透明或半透明，俗称“窗”。花序长20厘米左右，白色小花8～10朵。

新手这样养

万象喜欢凉爽、干燥和光照充足的环境，耐干旱，怕积水和烈日暴晒，要求有较大的昼夜温差。春、秋季节为其主要生长期，应给予充足而柔和的光照，避免强烈的直射阳光。浇水应按照“不干不浇，浇则浇透”的原则。生长期每月施1次腐熟的稀薄液肥或复合肥。夏季高温时，植株生长缓慢或完全停滞，应停止施肥，控制浇水，放在通风凉爽处养护，避免烈日暴晒。冬季将其放在室内光照充足处养护，如果最低温度能保持在10℃左右，并有一定的昼夜温差，便可正常浇水，酌量施薄肥。

养出好姿态

条件允许时，可将万象放在温室内养护，或用剪掉上部的透明无色饮料瓶将植株罩起来，这样可使叶片肥厚饱满，色泽靓丽。如光照不足，叶片易徒长，“窗”会变小，纹路变不清晰。根据生长情况，可每1～2年在春季或秋季换1次盆，换盆时要剪掉中空、腐烂的根系，保留健壮的粗根。

小贴士

发生干腐病和叶腐病时，可用50%多菌灵可湿性粉剂1500倍液进行喷洒。而对于粉虱和介壳虫，可用10%氧乐果乳油1000倍液进行喷杀。

养护指南

光照：☀☀☀☀

浇水：💧💧💧

温度：冬季温度不低于10℃

休眠期：夏季高温时

繁殖方式：播种、分株、叶插、根插

常见病虫害：干腐病、叶腐病，粉虱、介壳虫

玉扇 *Haworthia truncata*

百合科十二卷属

多年生肉质植物，植株矮小，没有茎，根系比较粗壮。叶片肉质，对生，呈绿色至暗绿褐色，向两侧伸长，稍向内弯，顶部略凹陷，可排成两列扇面，叶面粗糙，上面有小疣状突起，呈灰白色，有的则为透明状。总状花序，花呈筒状，白色。

养护指南

光照：☀☀☀☀

浇水：💧💧💧

温度：10 ~ 25℃

休眠期：夏季高温时

繁殖方式：分株、叶插、根插、播种

常见病虫害：叶腐病、干腐病，粉虱

新手这样养

玉扇喜凉爽环境及充足而柔和的阳光，耐干旱与半阴，忌阴湿，不耐寒。盆土宜用疏松肥沃、排水良好的沙质土壤，可用腐叶土、蛭石和少量骨粉等配制。植株在春、秋季生长期应给予充足的光照，保持盆土湿润，没有积水，以免造成烂根。每20天左右施1次腐熟的稀薄液肥。夏季高温时，植株呈休眠或半休眠状态，可放在通风、凉爽处养护，减少浇水，停止施肥。冬季给予充足的光照，10℃以上可继续浇水，使植株正常生长。每年春季或秋季可换盆1次，换盆时将烂根剪掉。

养出好姿态

植株在生长期如光照不足，株型会变松散，叶片徒长，“窗”面变小而浑浊。生长期可经常向植株喷雾。还可用透明无色的饮料瓶将植株罩起来养护，以增加空气湿度，使叶片肥厚，增加“窗”的透明度，使花纹清晰，突出品种特点。浇水时不宜使水珠长时间滞留在叶面上，否则会引起腐烂。

小贴士

玉扇株型似扇，造型奇特，顶端透明如窗，可放在窗台、书桌、电脑旁养护、观赏。由于玉扇根系发达，应用较深的花盆栽种。

Haworthia comptoniana
百合科十二卷属

康平寿

多年生肉质草本植物，植株矮小、无茎。叶片肉质，短而肥厚，叶色深绿或褐绿色，螺旋状生长，呈莲座状排列，半圆柱形，顶端呈水平三角形，截面平而透明，形成特有的“窗”状结构，“窗”上有明显的脉纹。花梗很长，白色筒形小花。

新手这样养

康平寿喜凉爽、干燥、光照充足的环境，耐半阴，怕积水，不耐寒。生长期在冬至初夏，可放在光线明亮但没有阳光直射的地方养护，盆土可选用泥炭土、珍珠岩混合配制。浇水可按照“不干不浇，浇则浇透”的原则进行。每月施1次腐熟、稀薄的液肥或复合肥。夏季高温时植株生长缓慢或停止，需放于通风、凉爽处养护。冬季可将其移至室内温暖、通风、有光照的地方，温度保持在12℃以上，使植株继续生长。

养出好姿态

康平寿生长期如光照不足，会使植株徒长，株型松散，影响观赏性。浇水时应避免盆内产生积水，否则容易造成烂根，但空气湿度可大些。生长期可将老株旁长出的侧芽取下，另外栽种于排水良好的盆土中。叶插可选取生长健壮、充实的叶片，阴干2~3天，扦插于湿润的粗沙或蛭石中，2~3个月会发根。每年秋季可换盆1次，换盆时可整理根系，将烂根、老根剪去。

小贴士

康平寿品种繁多，植株端正，肉质叶片饱满，“窗”面清澈，脉纹清晰，适合小盆种植，放在窗台、案头、几架等处养护、观赏。

养护指南

光照：
浇水：
温度：15 ~ 25℃
休眠期：夏季高温时
繁殖方式：分株、叶插、播种
常见病虫害：很少见

鹿角海棠 *Astridia velutina*

番杏科鹿角海棠属

肉质灌木，全株密被极细的短茸毛，株高25～35厘米，老枝灰褐色，分枝处有节间。肉质叶片半月形，交互对生，三棱状，粉绿色，对生叶在基部合生，叶端稍狭。花期冬季，花朵顶生，有短梗，单生或数朵间生，白色或粉红色。

新手这样养

鹿角海棠喜温暖干燥、光照充足的环境，适合在疏松、肥沃的沙壤土中生长。每年春季换盆时，可整株修剪，加入肥沃的泥炭土或腐叶土和粗沙组成的混合土壤，稍微喷水。生长期浇水一般按“不干不浇，干透浇透”的原则，每隔半个月或1个月施1次薄肥。春季可保持盆土不干燥，多在地面喷水，保持一定的空气湿度。夏季高温时，植株呈半休眠状态，可放在半阴处养护，保持盆土稍干燥。秋后，鹿角海棠开始继续生长，每半月可施肥1次。临冬时茎叶进入旺盛生长期，冬季如室温保持在15～20℃，植株会开花不断。

养出好姿态

鹿角海棠在夏季时应注意遮阴，否则表面容易起皱。生长期土壤不可太干燥，否则水分供应不足，会导致叶片缺水，从而发生皱皮的现象，或是出现裂痕。浇水也不宜过多，避免造成根部腐烂。盆栽2～3年后，植株应重新扦插更新。扦插一般在春秋季进行，剪取8～10厘米的充实茎节，插于沙床，15～20天可生根，根长2～3厘米时可栽盆。

小贴士

鹿角海棠盆土湿度过大，易发生根结线虫病，可用50%辛硫磷乳油1000倍液防治。对于介壳虫危害，可用55%杀螟松乳油1500倍液进行喷杀。其植株叶型观赏性极佳，可放在案几、办公桌等处养护和观赏。

相似品种比较

碧玉莲

碧玉莲叶片比较短，胖胖的，鹿角海棠叶片比较修长，垂直间隔也比碧玉莲大；鹿角海棠叶片全是绿色，碧玉莲叶片边缘是半透明的；鹿角海棠叶片上没有白粉，碧玉莲叶片上被有白粉；鹿角海棠向上生长，碧玉莲则蔓生。

养护指南
光照：
浇水：
温度：18 ~ 24℃
休眠期：夏季高温时
繁殖方式：播种、扦插
常见病虫害：根结线虫、介壳虫

快刀乱麻 *Rhombophyllum nelii*

番杏科快刀乱麻属

植株呈肉质灌木状，株高20～30厘米，茎有短节，分枝较多。叶片集中在分枝顶端，淡绿至灰绿色，对生，细长而侧扁，长约1.5厘米，先端两裂，外侧圆弧状，好似一把刀。花黄色，直径约4厘米。

养护指南

光照：☀☀☀☀

浇水：💧💧💧

温度：15～25℃

休眠期：夏季高温时

繁殖方式：播种、枝插、侧芽扦插

常见病虫害：叶斑病，蚜虫

新手这样养

快刀乱麻喜欢光照充足和温暖、干燥的环境，耐干旱和半阴，可全日照。培养土可用中等肥力、排水透气性良好的沙质土壤。春季、初夏和秋季是植株的生长期，要经常浇水，保持土壤湿润而不积水，每15～20天可施1次极淡的腐熟液肥。夏季高温时，植株处于休眠状态，要适当遮阴，避免烈日暴晒，控制浇水，保持良好的通风环境。冬季将植株放在室内光照充足处养护，如果能维持在12℃以上，可适当浇水，使其继续生长，盆土干燥时可耐5℃的低温。

养出好姿态

快刀乱麻需要接受充足的光照株型才会更紧实美观，因此，生长环境不能过于荫蔽，否则植株易徒长，叶色绿，叶片排列松散，拉长，影响观赏性。植株在闷热潮湿的环境中很容易腐烂，应尽量避免这种不利于植株生长的气候环境。

小贴士

快刀乱麻可在生长季剪取带叶的分枝进行扦插，插穗晾1～2天，然后扦插。发现蚜虫危害时，可用50%灭蚜威2000倍液进行喷杀。盆栽可放置在电视、电脑旁，或放在几案、窗台等处养护、观赏。

肉锥花

Conophytum

番杏科肉锥花属

没有茎，顶面有裂缝，花从裂缝中长出，花色有红、黄、白、紫、粉红等色。叶形有球形、倒圆锥形，其下部联合，浑然一体，顶部有深浅不一的裂缝，颜色有暗绿、翠绿、黄绿等色。有些品种的叶片上还有花纹或斑点。

新手这样养

肉锥花的培养土可用泥炭土、珍珠岩、蛭石，按照1：1：1的比例混合配制。春秋季是植株的生长季，应给予充足的光照，浇水要干透浇透，每月可施1次腐熟的稀薄液肥。夏季高温时，植株处于休眠状态，可将其放在通风凉爽处养护，当土壤过分干燥时才浇少量的水，甚至可完全断水，避免植株腐烂。秋凉时植株开始生长，可移到光线明亮处养护，并适当浇水。冬季可将其转入室内光照充足处养护，夜间如能保持在12℃以上，白天在20℃以上，可正常浇水，并施些薄肥。如温度较低，应控制浇水，停止施肥。

养护指南

光照：☀☀☀☀

浇水：💧💧💧

温度：10 ~ 25℃

休眠期：夏季高温时

繁殖方式：播种、分株

常见病虫害：很少见

养出好姿态

肉锥花在生长期要多接受阳光的照射，否则会造成植株徒长，不能开花，影响观赏性。肉锥花会在秋季开花，这个时候可以施点薄肥，促进植株生长。注意浇水时不要把水直接往花上浇。每1 ~ 2年可翻盆1次，在修根时可进行分株繁殖。

小贴士

肉锥花在休眠期株体会变成灰白色并开始萎缩，在蜕皮前期可以完全断水，进入蜕皮后期，可稍微浇点水，以帮助新生植株加快生长，破皮而出。

五十铃玉 *Fenestra riaaurantiaca*

番杏科棒叶花属

也叫橙黄棒叶花，植株密集成丛，株丛直径10厘米，根很细。叶片肉质，棍棒状，几乎垂直生长，在光线不足时会横卧并排列稀松。叶片长2～3厘米，直径0.6～0.8厘米，顶端增粗、扁平形，稍圆凸。叶色淡绿，基部稍呈红色，顶部有透明的“窗”。花单生，橙黄带粉色。

新手这样养

五十铃玉喜光照充足的环境，耐干旱，不耐寒，怕水湿、阴暗。盆栽土可用泥炭土、蛭石、珍珠岩，按照1：1：1的比例混合而成，透气性和排水性都比较好。在春、秋、冬三季的生长期内，每天有3～4小时的光照即可。生长期可每隔3周浇水1次，保持土壤微湿润。夏季高温时，植株应适当遮阴，节制浇水，可采取向叶面喷水的方法，还应保证良好的通风环境。一般一年施肥5～6次即可。冬季可将植株转移到室内养护，如不能维持10℃以上的温度，应停止浇水。

养出好姿态

植株喜欢充足的光照，光线不足时植株会分散开，并且会变细。五十铃玉虽然喜爱光照，但却不宜长期暴露在阳光下，过多的光照会使叶面发蔫，影响观赏性。浇水过多，叶片也容易发蔫。对于变蔫的植株，应根据情况，适当遮阴或断水。如果情况还没有改善，应将植株脱盆，检查根部的健康状况，烂掉的要及时修剪，重新栽种。

小贴士

分株繁殖可在春季结合换盆进行，将生长密集的幼株分解开后可直接盆栽。播种繁殖可在3~4月，采用室内盆播的方式进行，播种后不需要覆土，稍加轻压即可。

相似品种比较

光玉

五十铃玉的棒状叶相对较大，表面是光滑的，其顶端的“窗”面圆润、透明，开白色或黄色的花朵；光玉的棒状叶较小，表面及顶端的“窗”面都有磨砂颗粒，一般开紫色花，偶有白色种。

养护指南

光照：

浇水：

温度：15 ~ 30℃

休眠期：夏季高温时

繁殖方式：播种、分株

常见病虫害：叶腐病，根结线虫

吹雪之松锦 *Anacampseros telephiastrum* Sunset

马齿苋科回欢草属

一种变异带有白色锦斑的多肉植物，植株直立，丛生，株高约5厘米，叶片紧密排列，似莲座状，叶片厚实，倒卵形，先端平滑钝圆，叶腋之间有白色的丝状毛，五彩雍华。花期夏季，开漂亮的粉红色花。

养护指南

光照：☀☀☀☀☀

浇水：💧💧💧

温度：15 ~ 28℃

休眠期：不明显

繁殖方式：播种、枝插

常见病虫害：炭疽病，粉虱

新手这样养

吹雪之松锦喜温暖干燥、光照充足的环境，耐半阴和干旱，稍耐冻，不宜长时间在烈日下暴晒，可放在窗前、阳台和其他散射光明亮处养护。盆土要用腐叶土和粗沙的混合土。春秋生长期可以接受全日照，浇水应按照“不干不浇，干透浇透”的原则，保持土壤稍湿润。每月可施肥1次。夏季高温时，要注意遮阴，少量给水，保持良好的通风环境。冬季可将植株移入室内养护，在-3℃时就应保持盆土干燥，0℃以上则可以适当给点水，植株可继续生长。

养出好姿态

吹雪之松锦在夏季的休眠期不明显，但要保持盆土干燥，浇水过多会导致烂根的现象。植株不能碰水，要避免雨淋，否则叶片会腐烂长斑，影响观赏。在闷热的夏季，到了夜晚要给植株加强通风。吹雪之松锦可以用播种或侧枝扦插来繁殖，剪取健康的侧枝晾干伤口，在松软的植料里扦插，少量喷雾，长出根后可以慢慢进行正常管理。

小贴士

吹雪之松锦株型独特，适宜用小盆栽种，摆放在窗台、案头、书桌、阳台等处养护、观赏。

雷童 *Delosperma echinatum*

番杏科露子花属

多年生肉质草本植物，分枝密集，灌木状，株高约30厘米，老枝灰褐色或浅褐色，新枝淡绿色，上面有白色小突起。肉质叶卵圆半球形，暗绿色，基部合生，表皮有白色半透明的肉质刺。花朵单生，有短梗，花很小，花白色或淡黄色。

新手这样养

雷童喜欢光照充足和通风良好的干燥环境，耐半阴和干旱，忌积水，具有冷凉季节生长、夏季高温休眠的习性，对培养土要求不严，可用泥炭土、蛭石、珍珠岩，按照1∶1∶1的比例混合配制。生长季可将植株放在阳台或庭院光照充足的地方养护，平时可保持盆土适度干燥，浇水不必太多，一般每1～2月可施1次稀薄的复合肥。冬季节制浇水，维持10℃左右的室温，冬季保持5℃以上，可安全过冬。

养护指南

光照：☀☀☀☀

浇水：💧💧

温度：15～25℃

休眠期：夏季高温时

繁殖方式：扦插、播种

常见病虫害：很少见

养出好姿态

植株在生长季应保持盆土适度干燥，室外养护时要避免长期雨淋。生长期如光照不足，植株容易徒长，叶片之间的上下距离会拉得更长，使得株型松散，叶片也会拉长，影响观赏。雷童可在生长季节进行扦插，剪下的插穗稍晾1～2天，便可插入稍有潮气的土壤中。对于过密的枝条要及时疏剪，以保持株型的优美，对株型不佳者可适当重剪，或通过换盆更新。

小贴士

雷童枝繁叶密，小巧玲珑的肉质叶上布满了肉质刺，好像一只只绿色的小刺猬，其盆栽可放在电视、电脑、茶几等处养护、观赏。

生石花 *Lithops lesliei*

番杏科生石花属

多年生小型多肉植物，形状像彩石，茎很短，经常看不见。变态叶肉质肥厚，两片对生联结而成为倒圆锥体。3～4年生的生石花秋季会从对生叶的中间缝隙中开出白、黄、粉等颜色的花朵，花开时差不多能将整个植株都盖住。花谢后结出果实。

养护指南

光照：☀☀☀☀☀

浇水：💧💧

温度：10 ~ 30℃

休眠期：夏季

繁殖方式：播种、扦插、分株

常见病虫害：叶斑病、叶腐病

新手这样养

生石花喜欢冬暖夏凉的气候和温暖干燥、光照充足的环境，害怕低温，忌强光，适合疏松透气的中性沙壤土。盆土可用赤玉土、珍珠岩、谷壳炭、优质草炭，按照5：1：2：2的比例混合配制。在生长期可每半月施1次肥，用稀释的饼肥水或氮、磷、钾比例为15：15：30的盆花通用肥。生长期浇水可“干透浇透”，生长旺盛时可在水中加一些很淡的肥料。进入盛夏，要适当遮阴，加强通风。生石花一年四季都应该放于温室内养护，不适宜露天栽培，也不宜地栽。

养出好姿态

盆土不可过于干燥，否则球体会逐渐萎缩，埋入土中。在冬夏两季，要适当减少水分，停止施肥，帮助生石花蜕皮。此外，在度夏期间不要随意搬动植株。秋季是生石花的主要生长期，需要充足的光照，否则会使植株徒长，肉质叶变得瘦高，顶端的花纹也会不明显。

小贴士

在生石花蜕皮的时候，一般不要将皮剥掉。生石花的扦插只能用于一个植株自然形成多个头，后来产生新植株，所以主要的繁殖方法为播种。盆栽时可将其放在架子或台子上，或用砖将花盆垫高。

京童子

Senecio herreanus
菊科千里光属

茎匍匐生长，肉质叶片绿色，水滴状，表皮有一道道或深或浅的条纹，在温差大、光照充足的情况下，条纹会变成紫色，甚至整个叶片都会显得有点紫红色。此外，叶片表面有一道较粗、有点通透感的条纹。花期春末，管状花，白色，花蕊红色。

新手这样养

京童子喜温暖、强散射光且空气湿度较大的环境，忌荫蔽、高温高湿以及干旱。培养土可用泥炭土、蛭石、珍珠岩，按照1∶1∶1的比例混合配制；也可用腐熟的牛粪和椰糠，按4∶6的比例配制。生长期浇水可按照“不干不浇，干透浇透”的原则进行，一般可每隔1个月施肥1次。夏季高温时，植株进入休眠状态，此时要适当遮阴，控制浇水，避免高温高湿，否则易烂茎死亡。冬季时将植株转移到室内养护，温度不低于5℃。

养出好姿态

京童子的养护较为容易，喜半阴，可将其放在窗台或阳台处养护，在光照充足之处生长的植株，茎壮实，叶片饱满，叶片的间距相对紧密。光照不宜过强，否则会抑制其生长。夏季高温时，应注意保持良好的通风环境，保持盆土表面适当干燥，避免土表的茎叶闷烂。

小贴士

扦插多在春、秋季生长期进行，插穗长以8～10厘米为宜，将其沿盆边一周排列斜插在土壤中，放在通风透光的窗口，保持盆土潮湿，15天左右即可发根生长，成活后保持盆土干湿相间的状态即可。

养护指南

光照：☀☀☀☀
浇水：💧💧
温度：12～18℃
休眠期：夏季高温时
繁殖方式：扦插
常见病虫害：很少见

紫玄月 *Othonna capensis*

菊科厚敦菊属

植株匍匐或垂吊生长，容易分枝，长度可达1米以上，叶形有点像细长的橄榄球，两端尖细，有序地在紫色茎上分散生长，叶片一般为绿色到紫色，在日照充足的情况下茎部会从绿色变为紫红色。春秋季开花，小花黄色。

养护指南

光照：☀☀☀☀

浇水：💧💧💧

温度：15 ~ 28℃

休眠期：夏季高温时半休眠

繁殖方式：播种、分株、扦插

常见病虫害：很少见

新手这样养

紫玄月属春秋型种的多肉植物，喜温暖、光照充足的环境，较喜水，忌强光暴晒，可选择疏松透气的介质，一般可用泥炭土、蛭石、珍珠岩按照1：1：1的比例混合配制。春秋生长季要尽量给予植株充分的光照，可尝试露养。生长期盆土七八分干就可以浇透，忌长期干透，每月可施肥1次。夏季高温时，植株处于半休眠状态，要适当遮阴，避免烈日暴晒，可沿盆边少量浇水，保持良好的通风环境。冬季将植株放在室内光照充足处养护，室温以不低于10℃为宜。

养出好姿态

在光照充足的环境下，紫玄月叶片会更肥厚，叶色变紫，而光照不足时，植株容易徒长，叶色变绿，叶片拉得很细长，影响观赏性。生长期盆土不宜长期干燥，否则容易导致底部叶片加速干枯，甚至茎变枯萎。植株在夏季忌闷湿，培养土闷湿处可能出现烂叶和烂茎现象。

小贴士

扦插繁殖极易成活，多在早春或晚秋生长旺季进行。紫玄月适合以点缀方式加入组合盆栽，单独栽培也可，容易爆盆。植株沿着盆沿垂吊生长会比所有茎都匍匐在盆土上更利于度夏。

布纹球

Euphorbia obesa

大戟科大戟属

球形植物，直径为8～12厘米，通体灰绿色，表皮布满红褐色纵横交错的条纹，顶部的条纹较密集。球体上有分布均匀的8道棱，棱上有小锯齿般的刺，刺呈褐色。球体顶部棱缘着生很小的黄绿色的花朵。

新手这样养

布纹球喜光照充足的环境，适宜在疏松、排水良好的土壤中生长。可用泥炭土、珍珠岩、煤渣，按照1∶1∶1的比例混合配制盆土。花盆以直径10～15厘米的为宜。每年春季可换土1次。生长季每月施肥1次，选用普通的复合肥即可。每15天浇1次水，每次少量给水。夏季是生长期，植株需要遮阴，保持良好的通风环境，到7～9月高温期，应将植株放在阴凉通风的环境里养护，在9～12月要等土壤干透后再给水。

养出好姿态

布纹球喜充足的光照，过度潮湿和阴暗的环境会造成茎下部生出褐斑。植株在生长期浇水不要兜头淋，通风不好时容易出现腐烂现象。在寒冷的冬季，温度低于2℃时植株进入休眠期，应少量给水，可防止低温出现的冻伤和烂根。春季给水要循序渐进。

养护指南

光照：☀☀☀☀

浇水：💧💧

温度：18～28℃

休眠期：冬季温度低于2℃时

繁殖方式：播种、扦插

常见病虫害：茎腐病，介壳虫、红蜘蛛

小贴士

布纹球因造型和颜色奇特而受到人们的喜爱，可作小盆栽放在书桌、餐桌或阳台等处养护观赏。布纹球的白色汁有毒，不要触摸伤口留出来的汁，否则易导致皮肤过敏。

★ 娇艳美人系 粉红色彩惹人爱 ★

姬星美人 *Sedum dasyphyllum var. dasyphyllum*

景天科景天属

多年生肉质植物，植株株高可达5～10厘米，茎的分枝较多，叶片肉质，呈倒卵圆形，深绿色，似翡翠一样，膨大互生，长为2厘米，如果光照充足叶片会变红，非常艳丽。花期春季，花朵淡粉白色。

养护指南

光照：☀☀☀☀

浇水：💧💧

温度：13～23℃

休眠期：夏季高温时

繁殖方式：播种、叶插、扦插、分株

常见病虫害：叶斑病、锈病，蚜虫、介壳虫

新手这样养

姬星美人喜温暖干燥、光照充足的环境，耐干旱，较耐寒，怕水湿，适合在肥沃疏松、排水良好的沙质壤土中生长。春秋生长季节浇水应“干透浇透”，在两次浇水之间要保持盆土适度干燥，而冬季和夏季高温休眠期则要控制浇水，宁干勿湿。每月可施肥1次。夏季高温时，要适当遮阴。秋季可将植株放在光照充足的地方养护。冬季室温维持在10℃最好，还要减少浇水，使盆土保持稍干燥。春季可换盆，加入园土和粗沙的混合土，再加入少量腐叶土和骨粉，同时可对茎叶适当修剪。

养出好姿态

姬星美人生长季施肥量要控制，如氮肥过多，会导致植株徒长，节间伸长，叶片疏散，姿态欠佳。夏季高温强光时，遮阴时间不宜过长，否则茎叶柔嫩，容易出现倒伏。扦插全年都可进行，成活率较高，以春秋季为好。

小贴士

植株发生叶斑病或锈病时，可用50%克菌丹800倍液进行喷洒防治。而对于蚜虫和介壳虫，要用50%杀螟松乳油1500倍液进行喷杀。

旋叶姬星美人 *Sedum dasyphyllum* 'Major'

景天科景天属

姬星美人的变种，植株常年呈蓝绿色。叶片交互环生，密布小凹陷，容易长小侧芽，可长成大串的一群。时间长了可长出枝干，等枝干不能支撑强大的枝条时，一般会匍匐生长。花朵白色，5瓣，花苞中间微粉色。

新手这样养

旋叶姬星美人喜欢干燥、光照充足的生长环境，耐干旱，耐贫瘠，较耐寒。培养土可用泥炭土、珍珠岩、煤渣，按照1∶1∶1的比例混合配制。生长期可接受全日照，浇水一般按照“不干不浇，干透浇透”的原则。夏季高温时，植株要适当遮光，保持良好的通风环境，减少浇水的次数，每月可浇1次水。秋季可放在光照充足的地方养护，可不施肥。冬季将植株转到室内养护，0℃以下保持盆土干燥，尽量保持不低于-5℃。

养护指南

光照：

浇水：

温度：13 ~ 23℃

休眠期：夏季高温时

繁殖方式：枝插、叶插

常见病虫害：很少见

养出好姿态

植株在生长期需要充足的光照，光照强时，植株会变得矮小，呈现出迷人的蓝色。如果光照不足或遮阴时间过长，植株就容易长高，叶片也不够紧凑，徒长明显，影响观赏。多雨季节要严格控制浇水，不可造成盆土积水。不要采用浸盆的方式浇水，一般在傍晚或晚上浇水。

小贴士

旋叶姬星美人一般用扦插法进行繁殖，把叶片和枝条平铺在透气微湿的土壤表面，保持阴凉通风，发根后才可以循序渐进接受直射光。盆栽可放在窗台、阳台、茶几上，或者电视、电脑旁养护、观赏。

八千代 *Sedum corynephyllum*

景天科景天属

植株呈小灌木状，株高20～30厘米，分枝较多。叶片肉质，圆柱形，表面光滑，稍向上内弯，松散地在分枝顶部簇生，叶色灰绿或浅蓝绿色，在冷凉季节或温差较大、光照充足的环境下，叶片先端呈橙色或橙黄色。花期春季，小花黄色。

养护指南

光照：☀☀☀☀

浇水：💧💧💧

温度：15～25℃

休眠期：35℃以上或5℃以下时

繁殖方式：枝插、叶插

常见病虫害：很少见

新手这样养

八千代喜温暖、干燥和光照充足的环境，不耐寒，怕水湿。光照越充足、昼夜温差越大，叶片色彩越鲜艳，所以在温度允许的情况下，可将其放到室外养护。其适合用排水、透气生良好的沙质土壤栽培，可用松针土、蛭石、腐叶土、沙土，按照1∶1∶1∶1的比例混合配制盆土。生长季每10天左右浇水1次，每次浇透。夏季高温时可适当遮阴，注意保持良好的通风环境。到了冬季，可将植株转入室内光照充足的地方养护，温度一般应不低于5℃，室温较低时要减少浇水量和次数，保持盆土稍干燥。

养出好姿态

八千代在光照不足或土壤水分过多时容易徒长，全株颜色暗淡，叶片稀疏、间距伸长，加速向上生长，严重影响观赏性。此时，可通过修剪顶部枝叶进行塑形、控制植株高度，维持株型的优美。平时要将干枯的老叶摘除，以免堆积，导致细菌滋生。可选用底部带排水孔的盆器栽种，能避免根部水分淤积。

小贴士

植株可每1～2年在春季换盆1次，可将坏死的老根剪去。八千代株型优美，叶片圆润可爱，可作小型盆栽放在几案、书桌、窗台等处养护。

Sedum pachyphyllum Rose
景天科景天属

乙女心

灌木状肉质植物，株高达30厘米。叶片肥厚，圆柱状，密集排列在枝干的顶端，叶色翠绿至粉红色，新叶色浅，老叶色深，新叶叶尖有浅浅的棱，叶片先端有红色，叶片上覆有细微白粉，老叶白粉掉落后呈光滑状。小花黄色。

新手这样养

乙女心喜光照充足的环境，耐干旱，除了夏季要注意适当遮阴，其他季节都可以全日照。可用泥炭土、煤渣、珍珠岩，按照1∶1∶1的比例混合配制盆土。生长季浇水可按照“不干不浇，干透浇透”的原则进行，换盆后浇水不宜多，叶片增大时稍增加浇水量。夏季高温时，适当遮阴，并保持良好的通风环境，少量在盆边给水，慢慢度过盛夏。较喜肥，秋季可施肥1～2次。到了冬季，将植株转到室内养护，如果温度能够保持0℃以上，可以少量给水，0℃以下应断水，否则会冻伤。

养出好姿态

乙女心要接受充足的光照叶色才会艳丽，株型才会更紧实美观。如果日照太少，则叶色呈浅绿或墨绿，叶片排列松散，叶片拉长，影响观赏性。在强光和昼夜温差大或冬季低温期，叶色会慢慢变红，叶片微粉红至深红色。冬季可在适当的时候在植株的根部微微给点水，不要喷雾或给大水。

小贴士

乙女心植株较粗壮，容易繁殖，多年群生后植株非常壮观。枝插与叶插都可以，全年均可进行。植株不宜长时间摆放在室内，否则容易造成植物的徒长和“摊大饼”。

养护指南

光照：☀☀☀☀

浇水：💧💧

温度：10～25℃

休眠期：夏季高温时

繁殖方式：叶插、扦插

常见病虫害：很少见

虹之玉 *Sedum × rubrotinctum* Clausen

景天科景天属

多年生肉质草本植物。株高10～20厘米，低矮丛生，分枝较多。叶片肉质，绿色，膨大互生，长约2厘米，圆筒形至卵形，先端钝圆，表皮光亮，在光照充足的条件下会转为红褐色。伞形花序下垂，小花淡黄红色，花期6～8月。

新手这样养

虹之玉生长较缓慢，适应性强，对土壤要求不严，在整个生长期应让它充分见光。培养土可用泥炭土、煤渣、珍珠岩，按照1∶1∶1的比例混合配制。生长期浇水应按照“不干不浇，干透浇透”的原则进行。一般每个月可施1次有机液肥。夏季暴晒会造成叶片灼伤，可适当遮光或半日晒，中午应避免烈日直射，注意保持良好的通风环境。到了冬季，可将植株转入室内光照充足的地方养护，室温应保持在5℃以上，室温较低时要减少浇水量和次数。

小贴士

秋冬季节气温降低，光照增强，肉质叶片会逐渐变为红色，所以在栽培过程中可人为降温，提高观赏价值。虹之玉小巧玲珑，如果盆栽再配上些岩石，会更有意境和情趣，可放置在书桌、茶几、厅台等处养护、观赏。

养出好姿态

夏季高温遮阴时间不宜过长，否则茎叶柔嫩，容易发生倒伏。在植株往上生长，多年老株枝干化后，要控制浇水量，过多的水分会导致枝干腐烂。一般在栽培3年后株型开始散乱，可以在春季换盆时对植株进行修剪。枝插可利用修剪下来的枝条，截成长5厘米的茎段，在阴凉处晾晒3～5天，等切口处稍干后再插于苗床内。叶插繁殖是从茎上取下完整的叶片，放置3天后进行扦插。

相似品种比较

虹之玉锦

虹之玉的锦化品种，叶片有白色锦斑，长时间日照后整株会变成粉红色，虹之玉则变成深红色。

乙女心

叶片上会有一层粉，虹之玉没有，另外，强光照射可使其叶尖变成红色，但很少整株变色。

养护指南
光照：
浇水：
温度：10 ~ 28℃
休眠期：冬季
繁殖方式：枝插、叶插
常见病虫害：叶斑病、茎腐病

虹之玉锦 *Sedum x rubrotinctum* ‘Aurora’

景天科景天属

虹之玉的锦化品种，多年生肉质草本，植株直立，丛生。叶片肉质，长圆形，长2～4厘米，轮生，紧密排列，近似莲座状，先端平滑钝圆，淡紫红色，叶面光滑红润。在适当的光照下，植株散露出透明而粉红的水意。花期夏季。

光照：

浇水：

温度：10～28℃

休眠期：不明显

繁殖方式：枝插、叶插

常见病虫害：叶斑病、茎腐病

新手这样养

虹之玉锦喜温暖、干燥和光照充足的环境，耐旱性强，适合在质地疏松、排水良好的沙壤土中生长。可用泥炭土、煤渣、珍珠岩，按照1∶1∶1的比例混合配制盆土。植株在冬季温暖、夏季冷凉的气候条件下生长良好，生长期浇水应按照“不干不浇，干透浇透”的原则进行。每月可施1次有机液肥。夏季高温时可适当遮阴，注意保持良好的通风环境。到了冬季，可将植株转入室内光照充足的地方养护，温度一般不应低于10℃，室温较低时要减少浇水量和次数，保持盆土稍干燥。

养出好姿态

虹之玉锦叶片含有充足的水分，所以不要长期浇太多水。强光照射能让它们长得更加粉嫩可爱，不过它们有很强的趋光性，假如光线不均匀，植株会朝向一个方向生长，株型也变得不美观，因此如果植株是在阳台养护，最好经常转转盆。

小贴士

虹之玉锦一般用枝插和叶插的方式进行繁殖，扦插过程中可用50%多菌灵1000倍液进行喷洒、杀菌。虹之玉锦株型、叶形都小巧可爱，整个植株好像优美的工艺品，可将其放在厅台、书桌、几案等处养护、观赏。

Echeveria cv. Huthspinke

景天科拟石莲花属

初恋

叶片较薄，匙形，呈莲座状松散排列，被有蜡质的白色薄霜粉。叶片随着季节、温度、光照的不同，会呈现灰绿色、橙黄色、粉红色的变化。花期春末，蝎尾状聚伞花序，花朵钟形，5瓣，浅黄色，内侧有红色斑点。

新手这样养

初恋喜温暖干燥、光照充足、通风良好的环境，耐旱，耐寒，耐半阴，除了夏季要注意遮阴，其他季节都可全日照。培养土可用泥炭土、珍珠岩、蛭石，按照1：1：1的比例混合配制，并且添加适量骨粉。春秋季是主要生长季，浇水可按照“不干不浇，干透浇透”的原则进行。每20天施肥1次。夏季温度高于35℃时，就要适当遮阴，慢慢断水，整个夏季的休眠期要少水或不给水。冬季将植株转入室内光照充足的地方养护，节制浇水，室温如能够保持0℃以上，可以正常给水，0℃以下就要停止给水，防止植株冻伤。

养出好姿态

初恋需要接受充足日照，叶色才会艳丽，株型才会更紧实美观，叶片才会肥厚。光照不足时植株易徒长，叶色变浅，叶片排列松散，叶片间距拉长，影响观赏。夏季空气干燥时，可向植株周围喷水，注意叶面和叶丛中心不要产生积水，否则容易烂心。

小贴士

初恋繁殖可采用叶插法和砍头爆小侧芽法等，多在春、秋季进行。初恋是中小型植株，应每隔1～2年换盆1次，盆径可比株径大3～6厘米，这样可促进植株成长。

养护指南

光照：☀☀☀☀

浇水：💧💧💧

温度：15～25℃

休眠期：夏季高温时

繁殖方式：分株、扦插、播种

常见病虫害：很少见

红粉佳人 *Echeveria* ‘Pretty in Pink’

景天科拟石莲花属

小型多肉，比较容易群生。叶片肥厚，匙状，呈莲花状紧密排列，株型、叶形都和白牡丹有一些相似，叶前呈明显的三角形，叶尖可变红，叶色多变，包括粉色、粉橙色、粉蓝色、粉白色等。花期夏季，穗状花序，小花钟形，黄色。

养护指南

光照：4
浇水：3
温度：10 ~ 25℃
休眠期：夏季高温时
繁殖方式：叶插、砍头
常见病虫害：很少见

新手这样养

红粉佳人喜欢光照充足、凉爽干燥的生长环境，耐干旱，生长速度较快。培养土可用泥炭土、珍珠岩、蛭石，按照1∶1∶1的比例混合配制。平常最好保持土壤稍干燥，在春秋生长季可以稍微给多一点水，使土壤保持湿润而不积水。由于叶片肥厚，浇水间隔拉长也不会有大的影响。夏季高温时，植株应适当遮阴，注意保持良好的通风环境，控制浇水量，这样就很容易安全度夏，叶片颜色尽管会变蓝色，但整体也比较美观。到了冬季，可将其转入室内光照充足的地方养护，低温达到5℃左右可不用浇水，保持盆土干燥，植株可安全过冬。

养出好姿态

红粉佳人叶片的颜色取决于气候和光照，叶片在充足的光照下会变为粉红色。因此，在养护期间应尽量给予植株充足的阳光，使其保持株型紧凑，充分上色，以增强植株的观赏性。

小贴士

红粉佳人特别容易摘叶，叶插成活率较高，容易长芽，所以可以购买植株的叶片自行繁殖。

Graptoveria 'Opalina'
景天科风车草属 × 拟石莲花属

奥普琳娜

肉质叶片长匙形，互生，呈莲花状排列，整体呈现粉粉的淡蓝色，叶缘和尖端容易泛红。叶上部斜尖，顶尖易红，叶面略内凹，叶背有龙骨。植株多在春季中旬开花，抽生出穗状花梗，花朵钟形，黄色，尖端橙色。

新手这样养

奥普琳娜属于冬型种，喜温暖、干燥和光照充足的环境，耐旱。培养土可选择透气、排水性良好的土壤，用泥炭土、颗粒土，按照1：1的比例混合配制。春秋生长季，植株在充足的光照下可以充分浇水，土壤接近干透可浇1次透水。夏季超过30℃应适当遮阴，其余时间可半日照或全日照。夏季还应注意通风，空气干燥时可向植株周围洒水。冬季将植株转入室内光照充足的地方养护，节制浇水，待干透后，少量浇水即可，室温如能够保持在5℃以上，可以正常给水，0℃以下就要停止给水，防止植株冻伤。每1～2年可在春季换盆1次，将坏死的老根剪去。

养出好姿态

奥普琳娜养护得当时叶片饱满，白粉厚，颜色粉蓝，如果光照不足，且浇水过多，易造成徒长，株型会较为松散，叶片细长无力，颜色黯淡，严重影响观赏性。植株在生长期土壤不宜过湿，判断是否过度浇水，可看一看奥普琳娜的叶片包裹度。

小贴士

奥普琳娜生长速度较快，容易长大并群生，叶片较厚重，植株有匍匐状生长的习性。

养护指南

光照：☀☀☀☀
浇水：💧💧💧
温度：10～25℃
休眠期：夏季高温时
繁殖方式：叶插、砍头、分株
常见病虫害：很少见

桃美人 *Pachyphytum* 'Blue Haze'

景天科厚叶草属

茎短且粗，直立。单株有12～20片叶，叶片肉质，互生，倒卵形，排列成延长的莲座状，先端平滑钝圆，叶背面圆凸，叶片表面覆盖有白粉，叶片在光照充足且温差大的环境下易变成粉红色。花序较矮，花倒钟形，红色，串状排列。

新手这样养

桃美人喜温暖、干燥、光照充足的环境，可以全日照，适合在疏松、排水透气性良好的土壤中生长。盆土可用泥炭土、珍珠岩、煤渣，按照1：1：1的比例混合配制。植株适合露天栽培，不耐夏季湿热的天气，在冬季温暖、夏季冷凉的气候条件下会生长良好。生长期浇水可“干透浇透，不干不浇”。夏季高温时，应适当遮阴，并保持良好的通风环境，每个月浇3～4次水，少量在盆边给水。冬季将植株转到室内养护，温度保持在10℃以上，并减少浇水，保持盆土稍干燥。

养出好姿态

桃美人可接受较强烈的光照，在充足的光照下颜色更加鲜艳动人，株型更加美观紧凑。如缺少光照，叶片会呈现白色甚至绿色，叶形扁平，严重影响观赏性。若植株在生长期水分太充足或换季水分给的太多，就容易出现掉叶片的情况。开春植株给水也要循序渐进，否则可能出现烂根现象。桃美人长得差不多时就应砍头，让其萌发侧芽，这样植株群生才会美观。

小贴士

桃美人有很强的趋光性，最好是经常转动盆，使植株各面均匀见光，保持完美的株型。桃美人株型、叶形奇特，可将其放在露台或花园、厅台、书桌等处养护，也可和其他景天科多肉植物搭配栽种。

相似品种比较

桃蛋

桃美人的叶尖有红色小凸起，桃蛋没有；桃美人叶片互生，桃蛋叶片轮生。

星美人

星美人的叶尖同样没有红色的小凸起，且其叶片通常为淡蓝色，不会出现桃美人一样的淡粉色。

养护指南
光照：
浇水：
温度：15 ~ 28℃
休眠期：夏季高温时
繁殖方式：播种、枝插、叶插
常见病虫害：很少见

桃蛋 *Graptopetalu mamethystinum*

景天科风车草属

叶片呈卵形，肉质丰满，圆润，叶片表面被厚厚的粉末覆盖。新长出的叶片粉紫色，随着叶片的变老，会慢慢变绿。日照充足时，叶片会呈现出令人沉醉的粉红色，好像熟透的桃子一般，所以得名。

光照：

浇水：

温度：10～20℃

休眠期：夏季高温时

繁殖方式：砍头、播种、叶插

常见病虫害：很少见

新手这样养

桃蛋喜温暖、干燥、光照充足的环境，耐干旱，轻微耐寒，也可稍耐半阴。盆土多用疏松、排水性好的土壤，种植土颗粒不宜过大，可用泥炭土、珍珠岩、煤渣，按照1∶1∶1的比例混合配制。初春和深秋为生长季，应保持充足的光照和水分，当气温逐渐下降时，要适当控水，使土壤保持干燥。夏季高温时，植株短暂休眠，尽量遮阴降温，稍微给些水，甚至断水，给水应选在傍晚时分。气温低于5℃时，可将植株转移到室内养护，否则很容易冻伤。

养出好姿态

桃蛋如缺少光照，叶片会呈现浅绿色，并会变扁平稀疏。浇水对于桃蛋的养护来说很重要，在土壤表面变干的情况下就可以浇水，假如等土壤全部干透再浇水，植株的生长会受到影响，叶片很可能会脱落。为防止植株徒长，可在春秋两季喷几次多效唑。桃蛋在生长期需要及时补充营养，可以略施薄肥，养出饱满的姿态。

小贴士

桃蛋平时虫害不多，可在每年入夏和入冬时在土壤表面撒丁硫克百威，以防治虫害的发生。

星美人

Pachyphytum oviferum Purpus

景天科厚叶草属

整株直径可达6~10厘米，生长初期有直立的短茎，每株有12~25枚叶片。肉质叶互生，呈延长的莲座状排列，倒卵形至倒卵状椭圆形，先端圆钝，表面平滑，叶色从泛蓝的灰绿色至淡紫色不等，被有浓厚的白粉。花瓣椭圆形，紫红色至红色不等。

新手这样养

星美人喜光照充足的环境，耐干旱，适合在质地疏松、排水良好的沙壤土中生长，在冬季温暖、夏季冷凉的气候条件下生长良好。春、秋季是主要生长期，要保持盆土湿润而不积水，每20~30天施1次腐熟的稀薄氮肥或复合肥。夏季高温时，植株处于休眠或半休眠状态，生长缓慢或完全停滞，要适当遮阴，加强通风，减少浇水。到了冬季，可将其转入室内光照充足处养护，最好维持10℃左右的室温，保持盆土稍湿润，不用施肥。

养出好姿态

植株在室外养护时，应注意避免雨淋，防止叶面上的白粉脱落，影响观赏。生长期盆土不可产生积水，否则会引起烂根，而盆土过干则会导致植株下部叶片枯萎脱落。每隔1~2年的春季可换盆1次，盆土可用腐叶土、园土、蛭石按照2∶1∶3的比例混合配制，还可掺入少量的骨粉。

养护指南

光照：☀☀☀☀

浇水：💧💧💧

温度：15 ~ 28℃

休眠期：夏季高温时

繁殖方式：枝插、叶插

常见病虫害：黑腐病

小贴士

星美人肉质叶片浑圆可爱，色彩淡雅，常用作小盆栽，可常年在室内光照充足的南窗前或南阳台养护，也可放在书桌、几案等处观赏。

婴儿手指 *Pachyphytum rzedowskii*
景天科厚叶草属

植株被粉，匍匐至下垂，茎长约30厘米。叶片呈莲座状在茎部顶端排列，互生，倒卵形至倒披针形，半圆柱状。一般叶片基部呈粉色，中部呈泛紫的浅灰色至蓝绿色，日照长且有一定昼夜温差时呈粉红色。蝎尾状聚伞花序，有花约12朵，花冠近钟状。

养护指南

光照：☀☀☀☀☀
浇水：💧💧💧
温度：冬季温度不低于3℃
休眠期：不明显
繁殖方式：叶插、砍头
常见病虫害：叶斑病、茎腐病

新手这样养

婴儿手指喜光照充足的环境，可以全日照，喜透气性好、排水性能佳、能保持湿润的土壤。可用蛭石、泥炭土、草木灰、珍珠岩，按3∶1∶1∶1的比例来配制盆土。春秋生长季土壤要干透才浇透，不干不浇。生长季可施一些低氮高磷钾的肥料。夏季时植株要通风遮阴，土干时少量在盆边给水，维持植株根系不会因为过度干燥而干枯。冬季可将植株转入室内养护，温度低于3℃就要逐渐少水，0℃以下保持盆土干燥，尽量保持不低于-3℃可安全过冬。开春时给水要循序渐进，否则可能会出现烂根现象。

养出好姿态

光照充足时叶片排列紧密，弱光则叶色浅绿，叶片变得细且长，叶片间距会徒长拉长。婴儿手指砍头后容易长侧枝，不砍头一直养，植株的老秆会长高、分枝。为了更加漂亮，长得差不多的时候就应该砍头让其萌发侧芽，这样植株群生了才漂亮。

小贴士

婴儿手指一般每1～2年可换1次盆，这样有利于排水透气，增强土壤的营养。

xGraptophytum ‘Supreme’
景天科风车草属 × 厚叶草属

冬美人

多年生肉质草本植物，叶片肥厚，匙形，环状排列，有叶尖，叶缘圆弧状，叶片蓝绿色至灰白色，光滑，微被白粉。光照充足时叶片顶端和叶心会轻微粉红。冬美人的花秆很高，花序簇状，红色花朵倒钟形，串状排列，花开5瓣。

新手这样养

冬美人喜温暖、干燥、光照充足的环境，耐旱性强，可以全日照，适合在疏松、排水透气性良好的土壤中生长。盆土可用泥炭土、珍珠岩、煤渣，按照1：1：1的比例混合配制，土表可铺上干净的河沙或浮石。植株在冬季温暖、夏季冷凉的气候条件下会生长良好。生长期浇水应做到“干透浇透，不干不浇”。一般每月施肥1次。夏季高温时，应适当遮阴，并保持良好的通风环境，少量在盆边给水。冬季将植株转到室内养护，温度低于3℃就要逐渐控制浇水，0℃以下保持盆土干燥，尽量保持不低于-5℃。

养出好姿态

开春植株给水要循序渐进，避免可能出现的烂根现象。浇水时要注意不要将叶面的白霜冲刷掉。植株在光照充足时，叶片紧密排列，顶端和叶心会轻微泛红，光照弱则叶色灰绿，叶片变得窄且长，叶片间距会拉长，影响观赏性。

小贴士

冬美人在砍头后容易长侧枝，如不砍头继续养，植株的老秆会长得很长，然后再分枝，因此，可在植株长得差不多时就砍头，让其萌发侧芽，植株群生时观赏性更强。

养护指南

光照：☀☀☀☀
浇水：💧💧💧
温度：18 ~ 25℃
休眠期：不明显
繁殖方式：叶插、枝插
常见病虫害：很少见

赤鬼城 *Crassula fusca* herre

景天科青锁龙属

亚灌木，植株不易长高。叶片长而且窄，对生，紧密排列在茎上，新叶绿色，老叶褐色或暗褐色，植株在温差大的季节里叶片呈现紫红色，特别漂亮。赤鬼城开花簇状，小花白色。

养护指南

光照：☀☀☀☀☀

浇水：💧💧💧

温度：10～20℃

休眠期：夏季高温时

繁殖方式：砍头、叶插

常见病虫害：很少见

新手这样养

赤鬼城喜温暖、干燥和光照充足的环境，耐干旱，适合在肥沃、排水透气性好的土中生长。培养土可用泥炭土、珍珠岩、蛭石，按照1∶1∶1的比例混合配制，并且在土表铺上颗粒状的天然河沙。生长季浇水可按照“不干不浇，干透浇透”的原则进行。夏季高温时，应适当遮阴，并且控制浇水，保持良好的通风环境。到了冬季，将植株转到室内光照充足的地方养护，可忍耐-4℃的低温，且保持盆土干燥，-4℃以下应断水，否则会冻伤。

养出好姿态

赤鬼城稍耐半阴，但是阴久了叶片会变绿，叶片基部易徒长拉长，叶秆变得嫩弱。赤鬼城在冷凉季节里生长明显，夏季要适量给水，应避免兜头淋水，一般在太阳下山后2个小时给水。植株易生长侧芽，可趁早直接掰掉，否则消耗养分，且影响植株的美观。

小贴士

赤鬼城可以在早春砍头扦插，剩下的茎上会群出蘖芽；也可叶插，取健康的叶片扦插在微湿的土里，阴凉通风，等出新根、长叶片就可以换盆。

★精致莲花系 养出层层莲座★

大和锦 *Echeveriapur pusorum*

景天科拟石莲花属

肉质叶广卵形至散三角卵形，排成紧密的莲座状，叶背面突起呈龙骨状，长3～4厘米，宽约3厘米，先端急尖。叶色灰绿，上面有红褐色的斑纹。春末从叶丛中抽生出花梗，花穗簇状，小花红色，上部黄色。

新手这样养

大和锦喜温暖、光照充足的环境，具有夏季高温休眠、冷凉季节生长的特点，适合在肥沃、排水良好的沙质土壤中生长。可用泥炭土、颗粒土，按照1：1的比例混合配制盆土。生长期保持土壤偏潮即可，不可产生积水。每月可施1次腐熟的稀薄液肥。夏季高温时，应控制浇水，停止施肥，并将植株放在通风良好、没有直射阳光处养护。冬季将植株转入室内光照充足的地方养护，节制浇水，能耐5℃的低温，但最好让其在5～10℃的室温下过冬。

养出好姿态

植株在光照充足的条件下，叶片紧凑厚实，红色斑纹更明显。大和锦能经受持续的干燥季节和干旱，但假如在生长季节受到充足的滋润，可以更强壮。植株稍耐半阴，但时间不宜太久，否则容易徒长，叶边缘红边消失。植株在夏季高温时要防止雨淋，浇水时水流不可入叶腋间，避免叶片发黄腐烂。

小贴士

大和锦枝插的成活率较高，枝插时剪口要平，等伤口愈合后再插于或平放在土壤中，一般3周可生根。

养护指南

光照：

浇水：

温度：18 ~ 25℃

休眠期：夏季高温时

繁殖方式：叶插、砍头、分株

常见病虫害：叶斑病，黑象甲

黑王子 *Echeveria* 'Black Prince'

景天科拟石莲花属

植株有短茎，叶片黑紫色，匙形，稍厚，顶端有小尖，肉质叶排列成标准的莲座状，单株叶片数量可达百余枚，生长旺盛时其叶盘直径可达20厘米。花期夏季，聚伞花序，小花红色或紫红色，倒吊钟状。

养护指南

光照：☀☀☀☀

浇水：💧💧💧

温度：18～25℃

休眠期：夏季高温时

繁殖方式：切顶催生蘖芽、叶插

常见病虫害：黑腐病

新手这样养

黑王子喜凉爽、干燥、光照充足的环境，宜用排水、透气性良好的沙质土壤栽培。盆土可用腐叶土、沙土、园土，按照1∶1∶1的比例混合配制。生长期每10天浇水1次，每次浇透即可。每月可施1次以磷钾为主的薄肥。夏季高温时，应适当遮阴，保持良好的通风环境，空气干燥时可向植株周围洒水。冬季将植株转入室内光照充足的地方养护，如最低温度不低于10℃，可正常浇水，使植株继续生长。

养出好姿态

植株在光照越充足、昼夜温差越大时，叶色越黑亮。因此在生长季可将植株放在室外养护，以保证充足的光照。光照不足或土壤水分过多时，易发生徒长，全株呈浅绿色或深绿色，叶片稀疏，严重影响美观。黑王子在潮湿的环境下容易腐烂，因此浇水不宜过多。植株在生长期施肥不宜过多，尤其是氮肥，否则会造成植株徒长，叶色不黑。每1～2年于春季换盆1次，可将坏死的老根剪去。

小贴士

可选用底部带排水孔的盆器栽种，新手可选用透气性良好的红陶盆。植株发生徒长时，可通过修剪顶部枝叶，控制植株高度，以保持株型优美。

Echeveria 'Perle von Nürnberg'

景天科拟石莲花属

紫珍珠

拥有粉紫色叶片，叶片呈莲座形螺旋排列，叶缘白色。在光照充足且有较大温差的环境下叶片颜色特别鲜亮，但在夏季或光照较不足的情况下叶片呈深绿色或灰绿色。夏末秋初从叶片中长出花茎，开出略带紫色的橘色花朵。

新手这样养

紫珍珠喜温暖、干燥、光照充足的环境，耐干旱、寒冷和半阴，适应力极强，适合在排水、透气性良好的沙质土壤中生长。盆土可用腐叶土、沙土、园土，按照1∶1∶1的比例混合配制。春秋生长季浇水可干透浇透，一般每20天左右施1次以磷钾为主的薄肥。夏季高温时，应适当遮阴，注意通风，空气干燥时可向植株周围洒水。冬季将植株转入室内光照充足的地方养护，节制浇水，能耐5℃的低温。每1～2年可在春季换盆1次，将坏死的老根剪去。

养出好姿态

植株在光照越充足、昼夜温差越大时，叶色越鲜艳，所以在生长季可将植株放在室外养护，以保证充足的光照。光照不足或土壤水分过多时，易发生徒长，全株呈浅绿色或深绿色，叶片稀疏，降低观赏性。为避免根部积水，宜选用底部带排水孔的盆器栽种，新手可选用透气性良好的红陶盆。

小贴士

植株发现介壳虫时，要剪掉滋生介壳虫的根部，在患处喷洒护花神或灌根杀灭。如出现黑腐病，要迅速将其和其他植物隔离，初期可将腐烂的部位彻底剪去。

养护指南

光照：

浇水：

温度：15～25℃

休眠期：夏季高温时

繁殖方式：分株、扦插

常见病虫害：黑腐病，介壳虫

吉娃莲 *Echeveria chihuahuaensis*

景天科拟石莲花属

植株小型，无茎的莲座叶盘比较紧凑，卵形叶片较厚，蓝绿色，带小尖，长约4厘米，宽约2厘米，被有浓厚的白粉，日照充足时顶端的小尖呈玫瑰红或深粉红色。花序高约20厘米，先端弯曲，花朵钟状，红色。

养护指南

光照：☀☀☀☀

浇水：💧💧💧

温度：10 ~ 25℃

休眠期：夏季高温时

繁殖方式：播种、叶插

常见病虫害：锈病，黑象甲

新手这样养

吉娃莲喜温暖、干燥和光照充足的环境，耐干旱和半阴，不耐寒，忌水湿。盆土以透气、排水性良好的土壤为宜，可用泥炭土、颗粒土，按照1：1的比例混合配制。春秋季是其生长旺盛期，盆土不宜过湿，每15天浇水1次即可。每月可施1次稀薄的饼肥水或专用化肥，少量施肥即可。夏季高温时，应适当遮阴，注意通风。冬季将植株转入室内光照充足的地方养护，浇1 ~ 2次水，当温度低于5℃时应控水或断水。

养出好姿态

吉娃莲在生长季需要充足的光照，在光照充足的环境下，叶片排列很紧实，叶尖发红，小巧而美丽。当夏季室外温度超过30℃时，要控制浇水，浇水时注意避免叶心积水，否则很容易被晒伤，甚至出现腐烂现象。每隔1 ~ 2年可在春季换盆1次，将坏死的老根剪去，修剪出完美的株型。

小贴士

叶插可在春末进行，剪取成熟饱满的叶片，等伤口自然风干后插于沙床中，放在半阴处，3周左右即可生根，长成幼株后就可以上盆栽种。植株出现锈病、黑象甲等病虫害的侵扰时，可用75%百菌清可湿性粉剂兑水喷洒防治。

露娜莲

Echeveria 'Lola'

景天科拟石莲花属

株高5～7厘米，莲座直径一般8～10厘米，老株直径可达20厘米。灰绿色的叶片排列紧密，肉质，卵圆形，有白色霜粉，叶先端有小尖，边缘半透明。叶片在光照充足、温差大的环境下变为淡粉色或淡紫色。聚伞花序，花淡红色。

新手这样养

露娜莲喜光照充足、干燥凉爽的环境，耐旱，不耐湿热。培养土宜选用透气性好的沙壤土，可用泥炭土、珍珠岩、蛭石，按照1∶1∶1的比例混合配制，并在土表铺上颗粒状的天然河沙。春秋两季是其生长旺盛期，昼夜温差大，此时是露娜莲呈现出最美姿态的时节，可放在室外养护，应注意控制浇水，宁干勿湿，少量施肥即可。夏季高温时植株生长缓慢，甚至停止生长，应适当遮阴，并注意保持良好的通风环境，少量浇水，温度在32℃以上且湿度大时要停止浇水。冬季将植株转入保温的阳光房内或室内光照充足的地方养护，浇1～2次水，当温度低于2℃时应控水或断水。

养护指南

光照：☀☀☀☀

浇水：💧💧

温度：10～25℃

休眠期：夏季高温时

繁殖方式：分株、叶插、播种

常见病虫害：很少见

养出好姿态

夏季是植株养护困难而且关键的时期，特别是在炎热潮湿的环境下，植物最易腐烂或滋生病虫害，应减少浇水，保持通风。冬季时植株不宜给大水，否则叶心水分停留太久，容易引起腐烂。

小贴士

露娜莲的叶形、叶色较美，有一定的观赏价值，可放在露台、花园等光照充足地方养护。

丽娜莲 *Echeveria lilacina*

景天科拟石莲花属

莲座直径11~17厘米，叶片肉质，倒卵形至铲形，浅粉色或藕荷色，被淡紫色至浅粉色的蜡质霜粉，叶顶端有小尖，先端叶缘弯折，叶面中部内凹，叶缘透明。每枝花序一般仅有1枝蝎尾状聚伞花序，花梗下垂，花冠瓮状，花瓣珊瑚粉色。

养护指南

光照：☀☀☀☀

浇水：💧💧💧

温度：15~25℃

休眠期：夏季高温时

繁殖方式：叶插、砍头、播种

常见病虫害：很少见

新手这样养

丽娜莲喜温暖、干燥、光照充足的环境，耐干旱，忌水湿，除夏季要注意适当遮阴外，其他季节可全日照。盆土要求肥沃且有良好的排水性，可用泥炭土、珍珠岩、煤渣，按照1∶1∶1的比例混合配制，在土表可铺上3~5毫米的颗粒状的干净河沙或浮石。春秋季生长期应给予充足的光照，每周可浇水1次，使盆土保持适当干燥。每隔20天左右施1次肥，用稀释的饼肥或多肉专用肥。夏季高温时植株生长缓慢或完全停滞，应适当遮阴，停止施肥，并保持良好的通风环境，节制浇水。冬季寒冷时应将其转入到室内光线明亮的地方养护。

养出好姿态

丽娜莲叶片带粉，因此浇水时应避免叶片接触水，以免影响美观。如果叶心产生积水，在炎热潮湿的环境下丽娜莲易腐烂。丽娜莲如养护得当，叶片层层包裹，好像粉蓝色的荷花，叶尖边缘弯曲扭折并呈现出粉色，很有观赏性。如养护不当，会造成叶片过于摊开，失去神秘感，影响观赏。

小贴士

冬季在气温低于0℃的时候，要减少浇水，以免冻伤植株。但是在冬季不能完全不浇水，可以在丽娜莲的根部稍微给一些水。

鲁氏石莲

Echeveria runyonii

景天科拟石莲花属

叶片匙形，叶缘光滑，有叶尖，叶片呈莲座状密集排列，叶色蓝粉至白粉色，新叶色浅、老叶色深，叶面被有灰白的天然霜粉。在强光和昼夜温差大或冬季低温期叶缘会轻微泛红。穗状花序，花朵倒钟形，黄红色。

新手这样养

鲁氏石莲喜温暖、干燥、光照充足的环境，耐干旱，忌水湿，除夏季要注意适当遮阴外，其他季节都可全日照。盆土要求肥沃且有良好的排水性，可用腐叶土、河沙、园土和炉渣，按照3：3：1：1的比例混合配制。春、秋季生长期应给予充足的光照，每周可浇水1次，使盆土保持适当干燥。植株可每20天左右施肥1次，用稀释的饼肥或多肉专用肥。夏季高温时植株生长缓慢或完全停滞，应适当遮阴，停止施肥，并保持良好的通风环境，节制浇水。植株不耐寒冷，冬季寒冷时应将其移到室内养护。

养出好姿态

鲁氏石莲接受充足的日照时叶色才会艳丽，株型才会更紧实、美观，如果严重缺少光照，叶色会变浅，叶片拉长，排列松散，叶片变薄。夏季高温时空气干燥，可向植株周围洒水。施肥时不要将肥液洒到叶面，以免腐蚀叶面。

小贴士

可将盆栽鲁氏石莲放在光照充足的窗台或阳台养护。鲁氏石莲是中大型植株，可每隔1～3年换盆1次，盆径比株径大3～6厘米较为适宜，这样可促进植株生长。

养护指南

光照：☀☀☀☀

浇水：💧💧💧

温度：18～25℃

休眠期：夏季高温时

繁殖方式：叶插、砍头、播种

常见病虫害：黑腐病、叶斑病，根结线虫

花月夜 *Echeveria pulidonis*
景天科拟石莲花属

匙形叶片呈莲花形排列，叶色浅蓝，叶尖圆尖。在冬季低温与全日照的条件下，叶片尖端与叶缘易转成红色，特别迷人。整株植物好似一朵莲花造型。春末夏初会开出黄色的花朵，花朵5瓣，如铃铛。

新手这样养

花月夜是夏型种多肉植物，可全天接受光照。盆土可选择泥炭土、颗粒土，按照1：1的比例混合配制。春秋季和初夏是生长旺季，每周可浇水1次。生长期每月可施肥1次，选用稀释的饼肥水或多肉专用肥。每年春季可换盆，换盆时换新土，可在土中加入少量的骨粉或有机肥作为基肥。夏季高于30℃时，植株生长缓慢或完全停滞，应适当遮阴，停止施肥，保持良好的通风环境，节制浇水。冬季可将植株转入室内有光照处养护，温度不低于5℃，每2～3周浇水1次，保持盆土干燥。

小贴士

叶插时取完整饱满的叶片，放在阴凉处2天左右，然后放置在稍湿润的土上即可。花月夜在高温多湿的环境下，根部会出现根结线虫，一旦发现害虫，可立即用杀菌剂灌根，严重的可直接翻盆换土，重新栽种。

养出好姿态

植株在光照不足时，新长的叶片、叶柄发白，植株中心部分徒长、叶片下摊。夏季高于30℃，要断水，在断水期间，皱巴巴的叶片属正常现象，等温度下降，浇水后就会恢复勃勃生机。如果室内空气干燥，应及时喷雾以增加空气湿度。注意不要直接向叶面洒水，否则叶丛积水，易导致腐烂。

相似品种比较

吉娃莲

花月夜叶片前段都泛红，吉娃莲只有叶尖红；花月夜叶片厚，叶形较长，吉娃莲叶片较短，叶端尖细。

月光女神

月光女神叶片更小、更薄，叶片向下贴；月光女神的红边基本上覆盖整个叶片至叶根，花月夜的红边一般只到叶片中间。

养护指南
光照：
浇水：
温度：18 ~ 25℃
休眠期：冬季
繁殖方式：枝插、叶插
常见病虫害：黑腐病，根结线虫

小红衣 *Echeveria* ‘Vincent Catto’

景天科拟石莲花属

小叶片绿色，环生，呈莲座状紧密排列，叶片呈微扁的卵形，叶尖两侧有突出的薄翼，有明显的半透明边缘。在强光下，叶缘和叶尖会呈现出漂亮的红色，小巧而可爱。

光照：

浇水：

温度：15 ~ 25℃

休眠期：夏季高温时

繁殖方式：分株、扦插

常见病虫害：黑腐病，介壳虫

新手这样养

小红衣喜温暖、干燥、光照充足的环境，耐干旱、寒冷和半阴，不耐水湿，适合在排水、透气性良好的沙质土壤中生长。盆土可用腐叶土、沙土、园土，按照1：1：1的比例混合配制。春秋生长季浇水可干透浇透，一般每20天左右施1次以磷钾为主的薄肥。夏季高温时，应适当遮阴，注意保持良好的通风环境。冬季将植株转入室内光照充足的地方养护，节制浇水，能耐5℃的低温。每1 ~ 2年可在春季换盆1次，将坏死的老根剪去。

养出好姿态

小红衣在光照越充足、昼夜温差越大时，叶色越鲜艳，所以在生长季可将植株放在室外养护，以保证充足的光照。光照不足或土壤水分过多时，易发生徒长，全株呈浅绿色或深绿色，叶片稀疏，严重影响株型的美观。空气干燥时可向植株周围洒水，为避免根部积水，宜选用底部带排水孔的盆器栽种，新手可选用透气性良好的红陶盆。

小贴士

植株发现介壳虫时，要剪掉滋生介壳虫的根部，在患处喷洒护花神或灌根杀灭。如出现黑腐病，要迅速将其和其他植物隔离，初期可将腐烂的部位彻底剪去。

小蓝衣

景天科拟石莲花属

叶片环生，肥厚饱满，被有粉，叶色多为青蓝色或绿色，新叶有时为灰绿色，在充足光照下或是温差加大时，叶尖会出现红色，一些叶片会转变为紫色或褐紫色。叶尖两侧有长茸毛，叶尖也略带长茸毛。聚伞花序，花朵红色或紫红色，花瓣5枚。

新手这样养

小蓝衣喜干燥、凉爽和光照充足的环境，不耐闷热和潮湿。培养土可用泥炭土、珍珠岩、煤渣，按照1：1：1的比例混合配制，为了避免植株和土表接触，更加透气，可铺上3～5毫米厚的颗粒状的干净河沙。春秋两季为小蓝衣的生长期，可将其放在室外养护，接受全日照。浇水可按照"干透浇透，不干不浇"的原则进行。夏季高温时植株进入休眠，可适当遮阴，保持良好的通风环境，每个月浇水3～4次，少量在盆边给水，以保证植株不会因为过度干燥而干枯。到了冬季，可将植株转移到室内向阳处养护，温度低于3℃就要逐渐断水，0℃以下应使盆土保持干燥。

养出好姿态

小蓝衣在强光下叶尖会出现漂亮的红色，如果光线不足，叶片会微扁且拉长，影响观赏。平时浇水要尽量浇在土壤里，不要浇到叶心，否则容易腐烂，叶片沾上水分则会影响美观，尤其是单株，更要注意这一点。

小贴士

小蓝衣生长不太慢，容易群生。室外养护时，要防止大雨冲淋，并避免盆土产生积水。

光照：

浇水：

温度：10～25℃

休眠期：夏季高温时

繁殖方式：播种、分株、砍头

常见病虫害：很少见

雨燕座 *Echeveria Apus* 景天科拟石莲花属

较大型的石莲花品种，冠幅可以达到20厘米以上。叶片细长，底色偏蓝，叶边偏桃红色，呈莲花状紧密排列，由于光照和养护环境的不同，颜色状态会稍有变化。花期春季，小花黄色，钟形。

养护指南

光照：☀☀☀☀
浇水：💧💧💧
温度：15～25℃
休眠期：夏季高温时
繁殖方式：叶插、枝插、分株
常见病虫害：黑腐病，介壳虫

新手这样养

雨燕座喜温暖、光照充足的环境，适合在疏松透气、排水性良好的土壤中生长。盆土可用泥炭土、珍珠岩，按照1：1的比例混合配制。春秋生长季可以全日照，浇水一般是保持盆土湿润即可。一般每30天左右施肥1次，坚持“薄肥勤施”的原则。夏季高温时植株生长缓慢，甚至停止生长，应适当遮阴，注意保持良好的通风环境，少量浇水。冬季将植株转入保温的阳光房内或室内光照充足的地方养护，浇1～2次水，保持盆土稍干燥，室温达到5℃以下要慢慢减少浇水，也可不浇水，保持盆土基本干燥，即可安全过冬。

养出好姿态

雨燕座在生长季应给予尽可能多的光照，这样它的红边才会越发耀眼而美丽，如果光照不足，叶色会变得黯淡，影响观赏性。生长季浇水不可造成盆土积水，多雨的季节也要防止长时间雨淋，否则会出现腐烂现象。

小贴士

雨燕座叶插成功率很高，枝插也容易各种爆头。砍头繁殖生长迅速，由于植株本身没有死亡，旧生长点虽然被砍，但根系还在，所以新的生长点形成后，小苗的生长速度会很迅速。

Echeveria 'Cassyz'
景天科拟石莲花属

粉红台阁

叶片呈莲座状排列，株径可达10厘米以上。叶片匙形，中间有一道凹陷的痕，从叶尖连到叶片的基部，叶片被有薄薄的白色霜粉。叶尖在充足的光照下会变红色，新叶色浅偏蓝白，老叶色深偏紫红。花期夏季，蝎尾状聚伞花序，花朵钟形。

新手这样养

粉红台阁属中大型石莲花，喜温暖、干燥、光照充足的环境，耐干旱、寒冷和半阴，适合在排水、透气性良好的沙质土壤中生长。可用泥炭土、珍珠岩，按照1：1比例混合配制盆土。春秋生长季浇水可干透浇透，一般每20天左右施1次以磷钾为主的薄肥，坚持“薄肥勤施”的原则。夏季温度高于35℃时，就需将植株移到明亮的散射光下，注意保持良好的通风环境，空气干燥时可向植株周围洒水。冬季将植株转入室内光照充足的地方养护，节制浇水，保持盆土稍干燥，气温在0℃以上能安全越冬。

光照：☀☀☀☀
浇水：💧💧💧
温度：：15 ~ 30℃
休眠期：夏季高温时
繁殖方式：枝插、叶插
常见病虫害：黑腐病

养出好姿态

粉红台阁需要接受充足日照叶色才会艳丽，株型才会更紧实美观，叶片才会肥厚。日照太少时则叶色变浅，叶片排列松散，叶片变薄，影响观赏性。生长期土壤不宜过于干燥，否则会使得老叶枯萎。浇水时，滴到叶心的水分停留太久可能会引起腐烂。

小贴士

粉红台阁的繁殖可采用枝插法与叶插法，全年都可以进行，但叶插的成功率并不高。每1 ~ 2年换盆1次，盆径可比株径大3 ~ 6厘米。

厚叶月影 *Echeveria elegans* 'Albicans'

景天科拟石莲花属

株高多在15厘米以内，叶片紧密排列成莲座状，肥厚肉质，卵形，有短叶尖，略被白粉。叶片蓝绿色，在温差和光照适宜的环境中，叶缘泛微黄、粉或暗紫红色。花期冬末至春季，总状花序，花朵倒钟形，花瓣背面淡紫红色。

光照：

浇水：

温度：夏季温度不高于35℃

休眠期：夏季高温时

繁殖方式：播种、分株、砍头

常见病虫害：很少见

新手这样养

厚叶月影喜温暖、干燥、光照充足的环境，耐干旱，忌水湿，除夏季要注意适当遮阴外，其他季节可全日照。盆土要求肥沃且有良好的排水性，可用泥炭土、珍珠岩、煤渣，按照1：1：1的比例混合配制，为了避免植株和土表接触，可铺上3～5毫米颗粒状的干净河沙或者浮石。春秋季生长期应给予充足的光照，浇水可“干透浇透，不干不浇”。每30天左右施1次肥，用稀释的饼肥或多肉专用肥。夏季高温时植株生长缓慢或完全停滞，应适当遮阴，停止施肥，保持良好的通风环境，节制浇水。冬季寒冷时应将植株移到室内养护，室温低于3℃时要逐渐断水。

养出好姿态

植株在夏季高温时会进入休眠，每个月可浇3～4次水，少量在盆边给水，以保证植株根系不会因为过度干燥而干枯。平时浇水要尽量浇在土里，叶片沾上水分会影响美观，叶面上的白粉也容易被水淋走。冬季应少浇水，否则容易烂根。

小贴士

厚叶月影的茎半木质化，容易群生。可用播种繁殖，而砍头剩下部分会萌生蘖芽。冬季尽量保持室温不低于-3℃，这样植株才可安全过冬。

天狼星 *Echeveria agavoides* ‘Sirius’

景天科拟石莲花属

中小型品种，茎部粗壮，叶片莲座形密集排列，光滑，广卵形，背面突起微呈龙骨状，叶片先端尖，叶缘轻微发红。叶色常年灰绿色至白绿色，昼夜温差大或冬季低温期叶缘至叶尖会少部分变为艳红色。花朵微黄，花瓣5裂。

新手这样养

天狼星喜凉爽、干燥和光照充足的环境，耐半阴，怕水涝，忌闷热潮湿，适合用排水、透气性都良好的沙质土壤栽培。盆土可用煤渣、泥炭土、珍珠岩，按照5：4：1的比例混合配制。植株具有冷凉季节生长、夏季高温休眠的习性。生长期可将植株养在全日照的阳光房里，保持土壤湿润，避免积水。夏季高温时，植株生长缓慢或停止，应适当遮阴，注意保持良好的通风环境，节制浇水。冬季可将植株转入室内养护，植株能耐-4℃左右的室内低温，5℃以下就要开始慢慢断水。

养出好姿态

天狼星在充足的日照下才会叶色、叶缘艳丽，株型矮壮，叶片排列紧凑、紧实美观。如果光照不足，植株叶片会轻微徒长，叶缘红色也会慢慢减退。夏季高温时，植株进入休眠状态，应避免暴晒，不可长期雨淋，以免植株腐烂。

光照：☀☀☀☀

浇水：💧💧💧

温度：10 ~ 25℃

休眠期：夏季高温时

繁殖方式：砍头、叶插

常见病虫害：很少见

小贴士

天狼星切下的植株侧芽可以直接扦插在干的颗粒土中，待发根后可少量给水。叶插法是取完整饱满的叶片放在阴凉处，晾干伤口，放置在微湿的土上，待其长根发芽后，取下大的侧芽扦插即可。

罗密欧 *Echeveria agavoides* 'Romeo'

景天科拟石莲花属

叶片呈莲座状排列，肥厚，渐尖，叶面光滑，蜡质，新叶或呈浅绿色，在温差大、光照充足的环境下呈紫红色。一般不分株。蝎尾状聚伞花序，萼片短小、紧贴，小花筒状，外部粉色，内部橙色，一般有5瓣。

养护指南

光照：☀☀☀☀☀

浇水：💧💧

温度：15～28℃

休眠期：夏季高温时

繁殖方式：切顶催生蘖芽、叶插

常见病虫害：白粉病、介壳虫、粉蚧、蚜虫

新手这样养

罗密欧喜凉爽、干燥和光照充足的环境，适合用排水、透气性都良好的沙质土壤栽培，这样方便植物根部的生长和多余水分的排出，可用等量的腐叶土、沙土和园土进行配制。每10天左右浇1次水，浇透即可。每月施1次以磷钾为主的薄肥。每1～2年在春季换盆1次，将坏死的老根剪去。夏季高温时注意通风，防止长时间暴晒，以免损伤叶片。冬季可将植株转入室内养护，如最低温度不低于-2℃，可正常浇水，使植株能继续生长。

养出好姿态

罗密欧在光照越充足、昼夜温差越大的情况下，叶片的色彩越鲜艳。所以在温度允许的情况下，可将其放到室外养护。施肥不宜过多，特别是氮肥，以免造成植株徒长，叶色不红。罗密欧的叶片较厚，叶插时可从底部掰取叶片，扦插成活后可进行整形。

小贴士

由于植株的内部水分含量高，在过度潮湿的环境下容易腐烂，因此浇水不宜过多，避免根部水分淤积。在平日可及时摘除干枯的老叶，以免堆积导致细菌滋生。

Echeveria elegans ‘raspberry ice’

景天科拟石莲花属

冰梅

叶片紧密排列，叶片微肥厚，匀形，有小叶尖，植株叶片向叶心合拢，叶面前端微凹，叶背凸起，叶缘有半透明角质，叶面光滑，微被白粉。在冷凉季节叶缘的角质会特别漂亮。叶片淡蓝色，温差和休眠时叶片会出现红晕。开花穗状，倒钟形。

新手这样养

冰梅喜欢光照充足、凉爽的环境，不耐寒冷，适合在疏松透气的土壤中生长。盆土可用泥炭土、蛭石、珍珠岩，按照1∶1∶1的比例混合配制，可再添加适量的骨粉。春秋季是生长期，可以全日照，适当控制浇水量，一定要在土壤干透后再浇透水。生长期可施1～2次薄肥。夏季高温时植株生长缓慢或完全停滞，应适当遮阴，停止施肥，保持良好的通风环境，每个月浇水3～4次，少量在盆边给水。植株不耐寒冷，冬季寒冷时应将其移到室内养护，室温低于3℃要逐渐断水，0℃以下保持盆土干燥，可以安全过冬。

养出好姿态

冰梅在光照不强时，容易造成徒长，叶片松散，影响美观。给植株浇水时一定要注意，尽量浇在土里，叶片沾上水分会影响美观，白粉也容易被水带走。避免将水浇到植株上，也可保持植株中间不积水。冬季浇水时尽量少点，否则容易出现烂根现象。

小贴士

冰梅生长速度一般，有小小的半木质茎，不易长高，小苗不易长侧芽，成株开花后才会大量萌发侧芽，群生的冰梅具有很高的观赏性。

光照：

浇水：

温度：15～25℃

休眠期：夏季高温时

繁殖方式：播种、分株、砍头

常见病虫害：很少见

紫心 *Echeveria* cv. Rezry 景天科拟石莲花属

又叫粉色回忆、瑞兹丽，是一种株型较小巧的多肉，茎半木质化，直立或斜生或匍匐，上部分枝，叶片呈莲座状排列，肉质，圆滑平顺，形状不规则，从长匙到短匙状，色系比较丰富，从蓝绿色到橙黄色，从粉色到紫色均有。

新手这样养

紫心喜温暖、干燥和光照充足的环境，耐干旱，不耐寒，稍耐半阴，适合在排水、透气性良好的沙质土壤中生长。盆土可用泥炭土、珍珠岩、煤渣，按照1：1：1的比例混合配制。植株不耐潮湿，浇水可按照“不干不浇，干透浇透”的原则。一般每20天左右施1次以磷钾为主的薄肥。夏季高温时，植株应适当遮阴，注意保持良好的通风环境，控制浇水。冬季将植株转入室内光照充足的地方养护，节制浇水。

养出好姿态

紫心在生长季需要充足的光照，在光照充足的环境下，叶片排列很紧实，小巧而美丽。当夏季室外温度超过30℃时，要控制浇水，浇水时注意避免叶心积水，否则很容易被晒伤，甚至出现腐烂现象。花盆最好选择圆盆，这样的搭配有利于浇水，同时也有利于植株的生长。每年可在春季换盆1次，将坏死的老根剪去。

小贴士

紫心容易群生，种植半年以后就可以爆盆，其叶插成功率也很高，但小苗的生长速度要比爆盆的速度慢很多。紫心还很容易形成老桩，这是因为其生长速度较快，新叶片长出的同时，下部叶片也容易消耗老去，因而慢慢就形成了老桩的仪态。

相似品种比较

紫梦

紫梦和紫心一样都容易养出紫色，但相较于紫心或长匙或短匙状的不规则的叶片，紫梦的叶形更加一致，叶片边缘的色泽更明显，整体的莲花形也更标准。

养护指南
光照：
浇水：
温度：10 ~ 25℃
休眠期：夏季高温时
繁殖方式：叶插、枝插
常见病虫害：很少见

胜者骑兵 *Echeveria* 'Victor Reiter'

景天科拟石莲花属

叶片光滑，剑形，细长，莲花状紧密排列包裹，叶片一般呈绿色，在光照充足时叶尖、叶背和叶缘容易泛红，甚至整株变红，一般是老叶先上色，新叶上色较慢，多为绿色，仅叶尖变红。花期春末夏初，穗状花序，小花钟形，橙黄色。

光照：

浇水：

温度：10 ~ 25℃

休眠期：夏季高温时

繁殖方式：扦插、分株

常见病虫害：很少见

新手这样养

胜者骑兵喜温暖、光照充足的环境，适合疏松透气、排水性良好的土壤。盆土可用腐叶土、河沙、园土和炉渣，按照3：3：1：1的比例混合配制。非夏季露养压力不大，可考虑露养，更易上色。在春、秋季生长期应给予充足的光照，浇水在土壤接近干透时浇透即可。植株可每20天左右施肥1次，用稀释的饼肥或多肉专用肥。夏季高温时植株生长缓慢或完全停滞，应适当遮阴，停止施肥，保持良好的通风环境，节制浇水。植株不耐寒冷，冬季寒冷时应将其移到室内养护。

养出好姿态

胜者骑兵在光照充足的环境下，外观色彩才会更艳丽，但酷热期需要做好遮阴工作。植株在夏季休眠不明显，但消耗速度会大于生长速度，下部叶片容易消耗变成枯叶，所以要注意及时去掉枯叶，以免枯叶积累过多，植株底部积水通风不良，导致底部腐烂。

小贴士

胜者骑兵叶插繁殖相对其他多肉较难，可考虑分株繁殖。种植一段时间后，一般都会从底部萌生小侧芽，形成群生状态。此时可剪取其侧头进行繁殖。

苯巴蒂斯 *Echeveria* 'Ben Badis'

景天科拟石莲花属

莲座形态紧凑周正，叶片厚实，短匙状，叶背有一条鲜明的红色龙骨，叶面分布着极细的斑纹。叶片一般情况下浅绿色，一旦出状态往往从叶尖、叶缘、叶背龙骨处变红，叶片底色变得富有层次感。春末夏初开花，呈深橙色，倒钟状。

新手这样养

苯巴蒂斯习性强健，喜温暖、干燥、光照充足的环境，耐干旱、寒冷和半阴，适合在排水、透气性良好的沙质土壤中生长。盆土可用腐叶土、沙土、园土，按照1：1：1的比例混合配制。平时养护可尽量给予充足的光照，春秋生长季土壤保持偏潮就可以，切记不要产生积水。一般每20天左右施1次以磷钾为主的薄肥。夏季高温时，应适当遮阴，注意通风，可以适当浇一点水，保持盆土稍微有点潮即可。冬季将植株转入室内光照充足的地方养护，节制浇水，温度低于5℃的时候就要断水。

光照：

浇水：

温度：5 ~ 35℃

休眠期：夏季高温时

繁殖方式：叶插、砍头、分株

常见病虫害：很少见

养出好姿态

苯巴蒂斯属于相对比较皮实的品种，基于杂交特性，在养护上更偏向于父本大和锦。最好用透气性好的花盆栽种。夏季空气干燥时，可向植株周围洒水。施肥时不要将肥液洒到叶面，以免腐蚀叶面，影响美观。苯巴蒂斯根系很多，但比较浅，所以花盆不用太深。

小贴士

苯巴蒂斯容易在底部爆出一堆侧芽，形成群生状态，相对比较容易爆头，特别是捧花状群生。只要养一段时间，它基本都可以爆出小头和侧芽。

橙梦露 *Echeveria* ‘Monroe’

景天科拟石莲花属

小中型的石莲品种，叶片肥厚肉质，长匙形，呈莲座状排列，叶片有不明显的短叶尖，叶片向内弯曲，边缘呈橙红色，叶上覆有白绿色的粉末。植株形状就像一朵莲花。花期春季，紫红色的花茎从叶腋抽出，总状花序，小花橙红色。

养护指南

光照：☀☀☀☀

浇水：💧💧💧

温度：10 ~ 25℃

休眠期：夏季高温时

繁殖方式：扦插

常见病虫害：很少见

新手这样养

橙梦露喜欢光照充足、凉爽干燥的环境，耐干旱，适合在排水性良好、疏松透气的土壤中生长。培养土可用泥炭土、蛭石、珍珠岩，按照1∶1∶1的比例混合配制。春秋季是生长期，有在冷凉季节生长、夏季高温休眠的习性。喜全日照，浇水要以“不干不浇，浇则浇透”为原则。夏季温度高达35℃时，植株会进入休眠状态，应通风遮阴，每周可在土表喷上少量的水，防止根死亡。冬季温度低于5℃时，要将植株放到室内向阳的地方，逐渐断水，保持盆土干燥，提高植株的抗寒能力。

养出好姿态

如果光照不足，橙梦露容易徒长，叶片会拉长。夏季休眠期时每周可在土的表面喷少量的水，防止橙梦露的根因缺水而死，因为休眠期还是会消耗一些水分，不能不浇水。橙梦露叶片上的粉易掉落，而且难以再生，因此在移栽时要特别小心。

小贴士

橙梦露不易群生，可用叶插法进行繁殖，取下叶片扦插在微微偏湿的土壤中。扦插后不可马上浇水，也不可在阳光下直射，要放在通风良好的环境里。

莎莎女王

Echeveria sasa

景天科拟石莲花属

中小型多肉品种，叶片较厚，圆匙形，覆有薄粉，叶尖明显，叶片紧密环绕排列成莲花状，整体株型较包裹，显圆。如养护得当，粉绿的叶片常有红边。花期春季，穗状花序，小花钟形，黄色。

新手这样养

莎莎女王喜欢温暖、干燥和光照充足的环境，耐干旱，不耐寒。培养土应选择疏松透气的，可用泥炭土、草木灰，按照1：1的比例混合配制。春秋生长季可全日照，可将植株放在室外养护，适量浇水，保持盆土湿润。夏季高温时植株生长缓慢或完全停滞，应适当遮阴，停止施肥，保持良好的通风环境，节制浇水，每周可以在土表喷上少量的水，防止根死亡。冬季寒冷时应将其移到室内养护，逐渐断水，保持盆土干燥，提高植株抗寒能力，越冬温度以8℃以上为宜。

养护指南

光照：

浇水：

温度：冬季最低室温应在 8℃以上

休眠期：夏季高温时

繁殖方式：叶插、枝插

常见病虫害：很少见

养出好姿态

莎莎女王在充足的光照下株型较包裹，叶片厚而圆润，红边很明显，叶色会显得粉绿通透，甚至泛点紫红色。生长季节不可浇水过多，否则会造成盆土积水，还要防止雨淋。夏季高温时植株不可断水。瓷盆不是很透气，如果使用瓷盆，浇水要稍微少一点，干透了再浇。

小贴士

光照充足、天气寒冷、昼夜温差大、节制浇水等因素可以让莎莎女王的红缘特征更加明显。夏季时，莎莎女王的叶片红边容易退去，整株泛绿，要注意防止植株徒长。

女雏 *Echeveria* ‘Mebina’

景天科拟石莲花属

茎部不太粗壮，叶片肥厚，长匀形，莲座状密集排列。叶色翠绿至粉红色，新叶色浅、老叶色深，在强光和昼夜温差大或冬季低温期叶色较深，叶缘微粉红色，弱光时则叶色浅绿。叶面上微被白粉，老叶白粉掉落后光滑。

光照：

浇水：

温度：10 ~ 25℃

休眠期：夏季高温时

繁殖方式：枝插、叶插

常见病虫害：很少见

新手这样养

女雏除了夏季要注意适当遮阴，其他季节都可以全日照。盆土以透气、排水性良好的土壤为宜，可用泥炭土、珍珠岩、蛭石，按照1∶1∶1的比例混合配制，再添加少量的骨粉。春秋季是其生长旺盛期，盆土不宜过湿，应干透浇透。每20天可施1次稀薄的饼肥水或专用化肥，施肥后及时浇水。夏季高温时，应适当遮阴，注意通风，少水或不给水。冬季将植株转入室内光照充足的地方养护，浇1 ~ 2次水，温度能够保持0℃以上可给水，当温度低于0℃时应断水。

养出好姿态

女雏需要接受充足的光照叶色才会艳丽，株型才会更紧实美观。日照太少则叶色浅，叶片排列松散。夏季高温时，可选择下午或较为凉爽的晚上浇水，不要直接浇到叶面上，要让植株的叶片夜间保持干燥，空气干燥时可向植株周围洒水。冬季在植株的根部少量给水，不要喷雾或给大水，水分在叶心停留太久易引起腐烂。

小贴士

女雏可采用枝插和叶插繁殖，全年都可以进行。剪取成熟饱满的叶片，等伤口风干后插于沙床中，放在半阴处，3周左右即可生根。

Echeveria 'fun queen'

景天科拟石莲花属

范女王

多年生肉质草本，中小型品种，叶片长匙形，略内凹，前端斜尖，小叶尖较明显，叶片光滑，有白粉，呈莲花状紧密排列，叶色粉绿色到粉蓝色，甚至可养出粉橙色的状态。花期春季，小花钟形，橙色。

新手这样养

范女王喜欢光照充足和凉爽、干燥的生长环境，耐半阴，怕水涝，忌闷热潮湿，有在冷凉季节生长、夏季高温休眠的习性。生长期可给予植株全日照，需要经常浇水，保持土壤湿润，忌积水。每月可施1次以磷钾为主的薄肥。夏季高温休眠时，需适当遮阴，保持良好的通风环境，每个月浇水3～4次，少量地在盆边给水，以维持植株根系不会因为过度干燥而干枯。冬季可将植株转入保温的阳光房内或室内光照充足的地方养护，浇1～2次水。

养出好姿态

植株在光照充足的环境里，叶片排列紧密，株型美观，弱光时则叶色变浅蓝绿色，叶片变得窄薄且长，叶片间的排列松散。生长期应适当控制浇水，通风不好时浇水不宜过勤，否则再加上光照不强，容易徒长。浇水应避免浇到植株上，形成水渍，植株中间也不宜积水，以免叶片腐烂。

小贴士

范女王是近几年较流行且较好养护的多肉植物，分株繁殖最好在春季进行，也常用扦插法繁殖，室内扦插一年四季都可进行，以8～10月为最好，生根快，成活率高。

养护指南

光照：

浇水：

温度：15～25℃

休眠期：夏季高温时

繁殖方式：播种、分株、砍头

常见病虫害：锈病、叶斑病，根结线虫

特玉莲 *Echeveria runyonii* 'Topsy Turvy'

景天科拟石莲花属

植株高可达15～30厘米。叶片呈莲座状排列，基部为扭曲的匙形，两侧边缘向外弯曲，中间部分拱突，叶片先端向生长点内弯曲，叶背中央有一条明显的沟，被有厚厚的白霜，叶片在光照充足的环境下呈现出淡淡的粉红色。总状花序，花冠五边形，亮红橙色。

养护指南

光照：

浇水：

温度：15～25℃

休眠期：夏季高温时

繁殖方式：扦插、分株

常见病虫害：黑腐病，介壳虫

新手这样养

特玉莲喜温暖、干燥、光照充足的环境，耐干旱、寒冷和半阴，适应力极强，适合在排水、透气性良好的沙质土壤中生长。盆土可用腐叶土、沙土、园土，按照1：1：1的比例混合配制。春秋生长季浇水可干透浇透，一般每20天左右施1次以磷钾为主的薄肥。夏季高温时，应适当遮阴，注意通风，空气干燥时可向植株周围洒水。冬季将植株转入室内光照充足的地方养护，节制浇水，能耐5℃的低温。每1～2年可在春季换盆1次，将坏死的老根剪去。

养出好姿态

植株在光照越充足、昼夜温差越大时，叶色越鲜艳，所以在生长季可将植株放在室外养护，以保证充足的光照。光照不足或土壤水分过多时，易发生徒长，全株呈浅绿色或深绿色，叶片稀疏，严重影响观赏性。为避免根部积水，宜选用底部带排水孔的盆器栽种，新手可选用透气性良好的红陶盆。

小贴士

虫害以介壳虫为主，发病初期应剪掉滋生介壳虫的根部，在患处喷洒护花神或灌根杀灭。黑腐病多发于夏季，初期可将腐烂的部位彻底剪去，在切口处涂抹少许百菌清、多菌灵等。

红化妆

Echeveria cv. 'Victor'

景天科拟石莲花属

多茎莲与静夜的杂交种，叶片光滑，倒卵形，先端急尖，互生排列成莲座形，株型平摊，不包紧，叶片绿色至黄绿色，叶缘多为红色。花期春季，开花时抽生花梗，长出许多小叶片，小花钟形，5瓣，橙红色，零星分散于花梗。

新手这样养

红化妆喜温暖干燥、通风、光照充足的环境，耐干旱，耐寒，适应力较强。培养土可选择泥炭土、珍珠岩，按照3∶2的比例混合配制，并添加少量的骨粉。春秋两季为生长期，要有充足的阳光，植株生长旺盛，可给予其足够的水分，盆土接近干透就可浇1次透水。夏季高温时则要注意控水，少量给水，不需浇透。冬季温度低于5℃时，应控制浇水或断水，温度再低时，则要将植株搬进向阳的室内越冬。

光照：☀☀☀☀

浇水：💧💧💧

温度：10 ~ 25℃

休眠期：不明显

繁殖方式：枝插、叶插

常见病虫害：很少见

养出好姿态

夏季超过30℃植株应遮阴，其余时间可半日照或全日照，充分的光照可让红化妆的红色叶缘更加明显，株型也略为包裹，更有观赏性，如光照不足，叶片的红缘会消失，叶片变为绿色。浇水的时间可选择春冬的临近中午较暖和的时间段和夏季下午或者晚上较为凉爽的时间段，注意不要向叶面和叶心浇水，以免积水腐烂。

红化妆生长较快，很容易就形成多头老桩的造型，开出来的花跟静夜很像，但颜色是橙红色。

蓝苹果 xSedeveria 'Blue Elf'

景天科景天属 × 拟石莲花属

肉质叶片匙形，轮生，莲座状排列。叶背有些凸起，有龙骨线，叶面平或微微内凹，叶端稍收窄、收尖，叶色有蓝绿色、紫色、果冻色等，叶端有桃红色、粉红色等，叶面被有白粉。花期春季，聚伞花序，花开5瓣，五角星形，柠檬黄色。

新手这样养

蓝苹果属于夏型种，喜欢温暖、干燥和光照充足的环境，耐干旱，不耐寒，稍耐半阴。培养土应选择疏松透气的，可用泥炭土、颗粒土，按照1：1的比例混合配制。春秋生长季可将植株放在室外养护，充分浇水，盆土干到七八分就可以浇透水，不宜长期干透。夏季高温时植株应适当遮阴，停止施肥，保持良好的通风环境，节制浇水，盆土干透后沿盆沿少量浇水，湿润即可，防止过于潮湿。植株不耐寒冷，冬季寒冷时应将其移到室内向阳处养护，室温低于5℃就要控制浇水。

小贴士

蓝苹果在夏季时叶端的红色容易变淡，甚至完全褪掉，基本呈蓝绿色，在深秋和冬季则会变得红艳艳的。蓝苹果的繁殖方式一般为扦插，可以叶插，也可以用侧芽进行枝插。

养出好姿态

蓝苹果易养护，底部叶片容易消耗，形成光杆子，然后从底部长出侧芽形成群生。在春秋生长季节，植株要尽量给足光照，光照充分时植株形态更紧凑，叶色红彤，好似红苹果，假如光照不足，易出现徒长，叶心发白，变成菜色，严重影响观赏价值。植株在雨季应避免长期雨淋，防止积水烂叶。还要注意控水力度，如果控水过度，会导致其根系吸水能力差，植株变得皱缩。

相似品种比较

青苹果

未出状态时，蓝苹果更蓝，青苹果更青；蓝苹果比青苹果更容易出状态，且出状态的蓝苹果叶缘、叶背都会变红，颜色更亮，而青苹果出状态时仅叶尖或叶片上部变红，且没有蓝苹果包裹得紧。

养护指南
光照：
浇水：
温度：15 ~ 25℃
休眠期：夏季高温时
繁殖方式：扦插
常见病虫害：很少见

蒂亚 *xSedeveria* ‘Letizia’

景天科景天属 × 拟石莲花属

株高可达20厘米，叶片排列如莲花状，叶片前端三角短尖头，呈倒卵状楔形，叶背有龙骨，边缘有硬毛刺，叶片常规状态下为绿色，秋冬季光照充足时，叶片会从边缘红起，直至整个叶片。花期春季，开花时抽生花梗，小花白色，钟形。

新手这样养

蒂亚喜温暖、干燥通风和光照充足的环境，耐干旱，不耐寒，可稍耐半阴。土壤要求疏松，排水性能良好，可用泥炭土、珍珠岩和煤渣，按照1：1：1的比例混合配制。春秋季和初夏是植株的主要生长期，要保证充足的光照，盆土要干透浇透。夏季高温时，植株生长缓慢或完全停滞，可放在通风良好处养护，避免长期雨淋，并稍加遮光，控制浇水。冬季将植株移入室内光照充足处养护，如果最低温度不低于5℃，可正常浇水，使植株继续生长，如果保持不了这么高的温度，应逐渐控制浇水。

养出好姿态

蒂亚养活很容易，但要想养出火红的颜色还需要更加努力，要在其生长季给予充分的光照，每天5小时左右，若光照不足不仅不能养出红色，还会使植株出现徒长，叶片变得松散、单薄，严重影响观赏性。另外，浇水应在植株底部的叶片明显皱缩时进行。若是放在室内养护，秋季和冬季要注意开窗通风，以增大温差。

蒂亚生长速度快，容易群生，室外全露养的蒂亚在秋冬季会变得很红，比较浓烈，要想得到较为柔和的红色，可将其放到室内能够受到光照的玻璃后养护。植株在盆土干燥时能耐-3℃的低温。

相似品种比较

蜡牡丹

蒂亚的叶片不光滑，边缘有一层淡淡的茸毛，叶形也更有棱角，莲座形更标准；而蜡牡丹的叶片很光滑，有蜡质感，叶顶端有一个小尖，叶形也较圆润，排列得很紧凑。

养护指南

光照：☀☀☀☀

浇水：💧💧💧

温度：10 ~ 20℃

休眠期：夏季高温时

繁殖方式：砍头催生蘖芽、叶插

常见病虫害：蚜虫

黛比 *xGraptoveria* 'Debbie'

景天科风车草属 × 拟石莲花属

中型多肉植物，能全年呈现粉紫色，肉质叶片较厚，互生，呈莲花状排列，叶片长匙形，前端斜尖呈三角形，叶色粉紫到紫红色。花期春末，穗状花梗，花叶和花萼均为紫色，花朵钟形，5瓣，橙色到紫色。

养护指南

光照：☀☀☀☀

浇水：💧💧💧

温度：15 ~ 25℃

休眠期：夏季高温时

繁殖方式：枝插、叶插

常见病虫害：很少见

新手这样养

黛比喜光照充足和温暖、干燥的生长环境，适合在疏松透气的介质中生长。培养土可用泥炭土、珍珠岩，按照2∶1或1∶1的比例混合配制。生长季是春秋两季，可给予植株全日照，浇水可干透或接近干透就浇透水。夏季高温时植株生长缓慢或完全停滞，应适当遮阴，停止施肥，保持良好的通风环境，节制浇水。冬季可将植株转入保温的阳光房内或室内光照充足的地方养护，浇1 ~ 2次水。

养出好姿态

光照充足的黛比株型紧凑，叶色会变为深紫红，更显紫色魅惑。夏季比较热的月份，或是光照不足时，叶片的紫色会变浅，叶片变得苍白而修长，叶形松散，影响观赏性，可增加少量的光照。给植株浇水时应避免叶心积水，还要避免长期淋雨，因为土壤长期潮湿容易造成植株掉叶子，腐烂。

小贴士

黛比本身叶片比较厚，叶插出苗相对容易，春秋季适合繁殖，也可剪取侧芽进行枝插。叶插和枝插都要先放于通风阴凉处晾两三天。种植一段时间后一般会长出侧芽，形成群生。

Sinocrassula indica
景天科石莲属

因地卡

植株直立或匍匐生长，叶盘呈莲座状，叶片肉质厚实，轮生，菱形，匙状叶端急尖，表面平坦，背面隆起。蓝绿色的叶片在光照充足和温差较大的情况下呈红褐色。花期夏末至秋季，总状花序，花朵5瓣，五角星形。

新手这样养

因地卡生性强健，喜温暖干燥、通风、光照充足的环境，耐干旱，稍耐寒，适合在通透性好的沙质土壤中生长。春秋生长季盆土浇水要“干透浇透”。夏季高温时，应适当遮阴，注意通风，空气干燥时可向植株周围洒水。冬季除大雪、严重冰冻时要短时在室内养护外，其余时间都可在朝南室外窗台上养护。冬季保持室温在10℃左右，并给予充足光照，温度低于3℃时，应停止浇水，保持盆土的干燥。

光照：☀☀☀☀
浇水：💧💧💧
温度：15 ~ 25℃
休眠期：夏季高温时
繁殖方式：叶插、枝插
常见病虫害：很少见

养出好姿态

因地卡生长期光照不足时，植株容易徒长。浇水时不建议喷浇，因为叶心容易残留水滴，还容易导致盆土湿润不均匀。空气太干燥时，可喷雾加湿，夏季高温时适当遮阴，结合喷雾，可有效降温。植株不喜闷热、潮湿，大部分时间都要保持良好的通风环境。夏季多雨季节要防止长时间雨淋，避免盆土产生积水。

小贴士

植株在生长期以绿色为主色调，秋冬季在充足的光照下，随着温差加大，叶片的主色调渐渐变成紫色或紫红色。因地卡繁殖方法可用叶插或枝插，成活率一般较高。

黑法师 *Aeonium arboreum* var. *atropurpureum*

景天科莲花掌属

植株呈灌木状，直立生长，株高1米左右。分枝较多，茎圆筒形，浅褐色，肉质叶片倒长卵形或倒披针形，在枝头集成直径约20厘米的菊花形莲座叶盘，叶片顶端有小尖，叶缘有白色细齿，叶片黑紫色，冬季为绿紫色。总状花序，小花黄色。

新手这样养

黑法师属冬型种，喜温暖、干燥和光照充足的环境，耐干旱，不耐寒，稍耐半阴，适合在肥沃并具有良好排水性的土壤中生长。盆土可用蛭石、腐叶土、园土，按照2：1：1的比例混合配制，可掺入适量草木灰或骨粉作基肥。春秋季和初夏是植株的主要生长期，应给予充足的光照。夏季高温时，植株进入短暂的休眠期，生长缓慢或完全停滞，可放在通风良好处养护，避免长期雨淋，并稍加遮光，节制浇水。冬季将植株转入室内光照充足的地方养护，节制浇水；如能保持室温不低于11℃，可正常浇水，使植株继续生长。

小贴士

黑法师株型优美，叶形叶色都有一定的观赏价值，可作为盆栽置于电视、电脑旁。另外，黑法师独特的造型使其能够和其他多肉植物一起制作成盆景，观赏性可得到大大的提高。

养出好姿态

黑法师尽管在半阴处也能生长，但生长点附近会变成暗绿色，其他部位叶片的黑紫色也会变淡，呈浅褐色，影响观赏性。土壤中的氮肥不宜过量，否则植株易徒长。所以，平时可使盆土稍微干燥，让植株长得稍微慢些。植株每隔1～2年应换盆1次，并修剪植株，使株型保持完美。

相似品种比较

圆叶黑法师

黑法师的叶子较窄，细长，颜色可变得特别深，而圆叶黑法师的叶子宽而短，叶片较圆，颜色较浅。

黑法师原始种

黑法师原始种的叶子比黑法师稍大，叶形跟圆叶黑法师较像，而且不会变色。

养护指南
光照：
浇水：
温度：10 ~ 25℃
休眠期：夏季高温时
繁殖方式：扦插
常见病虫害：叶斑病，黑象甲

百合莉莉 Aeonium LilyPad

景天科莲花掌属

易长侧芽，底部叶片易枯萎形成多头老桩，小老桩很漂亮。叶片肥厚，圆匙状，叶尖不明显，莲花状紧密排列，叶色绿色到粉橙绿色，香气明显。花期夏初，植株顶端长出聚伞花序，小花钟形，花瓣多，平摊开，橙红色。

光照：

浇水：

温度：10 ~ 25℃

休眠期：夏季高温时

繁殖方式：枝插、叶插

常见病虫害：很少见

新手这样养

百合莉莉喜温暖、光照充足的环境。盆土宜选择疏松透气的，可用泥炭土、颗粒土，按照1：1的比例混合配制。在春秋生长季节，要尽量给予植株充分的光照，浇水要充分，盆土七八分干就可以浇透水。夏季高温时，植株进入休眠状态，此时应适当遮阴，还要保持良好的通风环境，盆土干透后，沿盆沿少量浇水即可，空气干燥时可向植株周围洒水。冬季将植株转入室内光照充足的地方养护，如最低温度不低于10℃，可正常浇水，使植株继续生长。

养出好姿态

生长季需要充足的光照，这样百合莉莉的叶片才会更包裹，更紧凑肥厚，呈现迷人的橙粉绿色。如果光照不足，叶片会松散、摊开，叶色变绿，呈现一片菜色，严重影响观赏性。土壤忌长期干透，雨季应避免淋雨，防止积水烂叶。

小贴士

百合莉莉可用叶插进行繁殖，且在春秋生长季较易成功。由于百合莉莉侧芽较多，也可以选择枝插。植株开花后单头会死亡，因此可以在开花前将花枝剪掉。

花叶寒月夜 *Aeonium subplanum* f. *variegata*

景天科莲花掌属

分枝较多，肉质叶片在枝头聚生，呈莲座状排列，叶质较薄，叶片倒卵形，边缘有细密的锯齿，叶片中央绿色，边缘黄色或稍带粉红色，也有叶片中央黄色，边缘绿色的品种。花期春季，圆锥花序，长10～12厘米，花朵淡黄色。

光照：

浇水：

温度：15 ~ 25℃

休眠期：夏季高温时

繁殖方式：枝插

常见病虫害：很少见

新手这样养

花叶寒月夜喜凉爽、干燥和光照充足的环境，耐干旱，不耐寒，怕积水。盆土要求疏松、肥沃，有良好的排水和透气性，可用腐叶土、园土、粗沙按照2：1：2的比例混合配制。主要生长期在10月至次年4月的冷凉季节，浇水掌握“不干不浇，浇则浇透”的原则。每月可施1次腐熟的稀薄液肥。夏季可将其放在通风良好处养护，严格控制浇水。9月下旬植株逐渐进入生长期，可移到光照充足处养护。冬季移至室内光照充足的地方，夜间温度最好保持5℃以上，白天在15℃以上，有一定的昼夜温差，植株可继续生长，否则应控制浇水。

养出好姿态

植株在生长期如光照不足，会出现徒长，叶片排列松散不紧凑，叶面上的黄色斑纹减退，影响观赏性。应保持盆土湿润而不积水，以防造成烂根，土壤也不宜长期干旱，否则植株停止生长，叶片干枯脱落。夏季要避免闷热、潮湿的环境，否则植株很容易烂掉。

小贴士

花叶寒月夜叶色斑斓多彩，株型奇特，叶丛好像一朵朵盛开在枝头的莲花，可作小型盆栽放在几案、窗台等处养护观赏。

艳日辉 *Aeonium decorum* f. *variegata*
景天科莲花掌属

成株直径10～15厘米，叶片基生成丛，排列呈莲座状，叶片扁平卵形，新生叶片多为淡黄色，中心淡绿色，老叶黄色减少。夏季叶片几乎全为深绿色，秋冬季绿色减淡。在充足的光照下叶片边缘会呈现橘红色至桃红色。

养护指南

光照：☀☀☀☀

浇水：💧💧💧

温度：10～25℃

休眠期：夏季高温时

繁殖方式：叶插、枝插

常见病虫害：烟煤病

新手这样养

艳日辉喜温暖、光照充足的环境，不耐寒，可接受全日照。盆土宜用肥沃疏松、排水良好的沙质土壤。植株在春、秋、冬季都非常好养护，浇水应“干透浇透”，生长季节可每15天施薄肥1次，并给予充足的光照，可放心露养。夏季高温时植株生长缓慢，甚至停止生长，应适当遮阴，注意保持良好的通风环境，少量浇水。冬季应放在室内光照充足处，并控制浇水，室温只要在5℃以上，植株就会正常生长。越冬温度为8～10℃，并保持土壤干燥。

养出好姿态

植株在充足的光照下，叶片会呈现明黄、嫩绿、桃红三种颜色渐变的效果，色彩绚丽。如果光照严重不足，在春冬季叶片容易呈现明显的嫩绿色，红边、锦斑消失，在夏季，则容易呈现深绿色，严重影响观赏性。避免闷热潮湿的环境，否则植株容易腐烂。当空气干燥时，应给植株喷水。施肥时肥水不要溅到叶片上，否则会造成落叶。

小贴士

艳日辉每2～3年可换盆1次，以初春或初秋植株刚刚开始生长时为宜。植株极易产生分株，摘下分株晾干数日后扦插，可成为新株。

Greenovia Webb & Berthel

景天科莲花掌属

山地玫瑰

肉质叶呈莲座状排列，不同物种的株幅差异很大，小型种有2～4厘米，大型种株幅可达30～40厘米或更大。叶色从灰绿、蓝绿到翠绿变化不等，而暴晒后叶片可能呈现红褐色斑纹。花期为暮春至初夏，总状花序，花朵黄色。

新手这样养

山地玫瑰喜凉爽、干燥和光照充足的环境，耐干旱和半阴，怕积水和闷热潮湿。盆土要求疏松、透气，有一定的颗粒性土。植株具有高温季节休眠、冷凉季节生长的习性。生长期为秋季至晚春，要给予充足的阳光，盆土应始终保持微湿状态。夏季高温时植株生长缓慢，甚至停止生长，应适当遮阴，注意保持良好的通风环境，少量浇水。冬季搬入室内可以正常生长，注意保持通风的环境。室温0℃左右植株不会死亡，但会停止生长，所以最低温度最好为5℃，并有10℃左右的昼夜温差。

光照：

浇水：

温度：10～25℃

休眠期：夏季高温时

繁殖方式：播种、扦插、分植蘖芽

常见病虫害：叶斑病，介壳虫

养出好姿态

生长期要给予植株充足的光照，如光照不足会使得植株徒长，从而造成株型松散，叶片变薄，影响观赏性。大多数山地玫瑰在夏季都会进入休眠期，应避免烈日暴晒，更要避免雨淋，否则会因为闷热潮湿引起植株腐烂。浇水时尽量别让叶片中心积水，否则很容易烂心，特别是在室内通风情况不好的环境里。

小贴士

山地玫瑰休眠期为躲避强光、酷热等不利气候，外围叶片会老化枯萎，中心部分的叶片紧紧包裹，很像一朵朵含苞待放的玫瑰花。

红缘莲花掌 *Aeonium haworthii*

景天科莲花掌属

多年生肉质草本植物，植株多分枝，亚灌木状，株高25～50厘米，分枝顶端的叶片排列成莲座状。叶片倒卵形，有细尖，质稍厚，蓝绿至灰绿色，被白霜，叶面有光泽，叶缘红色至红褐色，且有细齿。聚伞花序，花朵浅黄色，有时带红晕。

新手这样养

红缘莲花掌喜凉爽、干燥和光照充足的环境，耐干旱，忌积水，适合在排水良好的沙壤土中生长。植株有冷凉季节生长、夏季高温休眠的习性。在春秋生长旺季，要注意浇水，按照“不干不浇、浇则浇透”的原则，保持盆土湿润偏干状态。生长季可每15天施1次薄肥。夏季高温时，植株进入休眠状态，应适当遮阴，注意通风，空气干燥时可向植株周围洒水。冬季可将植株转入室内光照充足的地方养护，室温保持10℃以上，节制浇水，盆土以保持稍干燥为宜。

养出好姿态

除了夏季以外，其他季节都要给予红缘莲花掌充足的光照，否则叶缘的红色会减退，甚至消失，叶片之间的距离拉长，使植株不紧凑，观赏价值降低。冬季室温不能低于5℃，否则红缘莲花掌很容易出现冻伤，甚至死亡。红缘莲花掌叶片不是很厚，叶插不易成功。施肥时注意肥水不要溅到叶片上，否则会造成落叶。每年春季可换盆1次，盆土可用中等肥力且排水、透气性良好的沙质壤土，换土时要剪掉部分老根和过密、过长的根。

小贴士

发生红蜘蛛危害时，可喷洒40%氧乐果乳油剂1000～2000倍液进行防治。红缘莲花掌株型奇特，翠绿色的叶片好像碧玉雕成的莲花，一般作中型盆栽，可放在几架、案头、窗台及阳台等处养护和观赏。

相似品种比较

艳日辉

艳日辉的叶片较薄，光滑，叶形圆润，而红缘莲花掌的叶片较厚，有白霜，叶形较瘦长；艳日辉的叶片是绿心黄边红缘，红缘莲花掌是绿叶红缘，没有黄色；艳日辉被日光暴晒叶片会渐变成黄色、红色，红缘莲花掌只会变红。

养护指南
光照：
浇水：
温度：15 ~ 25℃
休眠期：夏季高温时
繁殖方式：扦插
常见病虫害：红蜘蛛

第四章

多肉出问题，高手“把脉开方”

多肉的养护，是有一定技巧的。比如您会遇到如下的困惑：怎样防止多肉徒长？叶插时有哪些注意事项？什么时候换盆才合适？夏季高温闷热如何应对？出现冻伤该怎样处理？等等。掌握了处理这些问题的技巧，您与多肉达人的差距也就不远了。

繁殖问题

多肉的繁殖多在春季和秋季进行，因为此时光照较充足且不是特别强烈，有利于多肉生长。而在繁殖中，总会遇到这样或那样的问题，下面就是一些常见问题的解决办法。

叶插该怎样操作？

叶插是多肉植物最常见的繁殖方式之一，而如何正确地选取叶片是成功的关键。首先要从健康的植株上选取完整、饱满的叶片，摘取叶片时要抓紧，左右晃动后小心摘取，避免给植株造成损伤。叶片摘下后一定不要碰水，否则会使叶片透明化，无法用于叶插。另外，因为新芽和根系都是从根部生长出来的，所以一定要保证叶片根部干净，否则受到真菌感染后，叶插就不能成活。叶片摘取后不能放在阳光下暴晒，可在阴凉处晾晒几天，等伤口愈合后再进行叶插。如果叶片根部出现黑腐现象，一定要及时隔离，避免传染给其他健康的叶片。

叶插有平放和插入两种方式，可凭自己的喜爱进行选择，对成功率没有影响。但需要注意的是，叶子要正面朝上，因为新芽都是从叶片正面长出来的。叶插后放在阴凉通风处，避免阳光暴晒，也不要浇水。新芽和根系长出来后可浇少量水，并将根系及时埋入土中，避免消耗不必要的水分，否则根系干枯后想再次生根就困难了。

叶插繁殖只长根系不出小芽怎么办？

很多养多肉植物的朋友都喜欢用叶插的方式来进行繁殖，但叶插的过程中会有各种状况出现，叶插后先出根再出芽的情况也较为常见，遇到这种情况先不要着急，找出原因后再对症下药。

叶插是否会成功，最关键的因素便是环境和母叶的选取，健康完整的叶片和适宜的生长环境极有利于叶插成功，会减少很多后续的麻烦。不过，多肉叶插后会出现出根和出芽不一样的情况，此时要先把根埋起来，并适当浇水保持土壤湿润，再晒晒太阳，过不了几天小芽便会长出。如长时间内没有长芽，可以轻轻地把叶片拔出来，把原来的根系全部剪掉，然后放在土壤上让其重新生根发芽。因为叶片具有向阳性，所以一定要将叶片摆在土表，正面朝上，有利于其生根发芽。

砍头的多肉怎样生根？

砍头是多肉植物的繁殖方式之一，多应用于那些叶插较难成活的品种。首先，要选择健康的植株，这样有助于提高成活率；剪下来的枝条要先在阴凉处进行晾晒，等伤口愈合后再进行移栽，可防止细菌感染导致的植株腐烂。将砍下的枝条扦插后，放在光线明亮的地方即可，浇少量水，然后根据土壤的干湿程度适量浇水，不久后就会生根。另外，土壤搭配合理，通风良好，温度适宜，也非常有利于植物快速生根。

肉肉长出了气根怎么办?

大部分多肉植物都会长气根，这其实是一件好事，证明它还在正常生长。不过气根并不是一直存在的，随着周围环境、空气湿度变化会有所改变。

一般来说，大多数多肉植物都是耐干旱的，不宜浇水过多，如果出现了气根，这就说明空气湿度太大，多肉通过长气根来吸收更多的养分，以帮助自己生长。如果出现了气根，还要注意有可能是植物的根系、茎部出现了问题。多肉的根部和茎部腐烂枯萎了，就会导致其吸收不到空气，只能长出气根。这时，可以将植物根部挖出来，进行修剪，将老化腐烂的部分去掉，情况严重的话，可将根部全部剪掉，重新扦插。

此外，还有些多肉植物极容易出现气根，例如景天属的虹之玉和虹之玉锦。如果植物长出了气根，而且叶片出现褶皱、干枯的现象，多是枝条腐坏引起的，要剪掉重新扦插。

怎样让多肉缀化?

缀化是植物中常见的畸形变异现象，属于一种“形态变异”，是指多肉受到日照、温度、浇水、药物、气候突变等外界不明因素的刺激，植物顶端的生长点异常分生、加倍，从而会形成许多小的生长点，这些生长点横向发展连成一条线，最后长成扁平的扇形或鸡冠形带状体。另外，叶插相比较其他因素，也更容易生成缀化现象。

多肉长得慢怎么办?

春秋季是大部分多肉的生长季节，但有些植物本身的生长速度是十分缓慢的，比如肉锥花属、肉黄菊属、棒叶花属、长生草属等，短时间内多肉不会发生太大的变化。还有一些品种在特定的环境中生长缓慢，就像纪之川虽然在冬季也会保持生长，但是生长速度非常缓慢。除此之外，还有一种情况就是植物压根就没有长，这种情况与植物的根部没有恢复好有关，根系无法正常地吸收水分和营养。这就需要在半阴的环境中精心养护，要勤浇水，并且浇透，每周浇水 1 次，或者淋一场小雨，过一段时间多肉便能恢复生机。

怎样防止肉肉徒长?

多肉徒长是指植物茎叶出现疯长的现象，导致原本紧凑的株型变得松散，枝叶变得细长，原本各种漂亮的果冻色变得发白发绿，导致多肉植物的观赏性大打折扣。因为多肉植物大都具有喜光的习性，所以通常光照不足便会导致植物徒长，只要将多肉移至阳光下，增加光照，大多会恢复原来美美的状态。

光线不足并不是导致多肉徒长的全部原因，植株土壤过湿，还有景天属、青锁龙属、长生草属、千里光属等品种施肥过多，这些因素都会引起植物茎叶徒长，因此要对症下药。如盆土过湿的话，要减少浇水，“干透浇透”；如施肥过多，要暂时停止施肥，等植物恢复原状后，再根据植物生长需要适量施肥。

什么时候换盆最合适?

由于多肉植物在不断地生长，根系也越长越长，花盆空间的局限性会造成根系堵塞，影响植物的呼吸，不利于多肉生长。同时，多肉植物在生长过程中会消耗盆土中的养分，土壤也变得板结，透水和透气性差，根部急需要改善生长环境。这时候就需要为多肉换个“新家”，将其移植到更大的花盆中，并换上新土，这样多肉才会茁壮成长。

一般多肉的生长季主要在春季和秋季，夏季高温时，生长较慢或停滞生长，处于休眠期，这类多肉植物以春季换盆为宜。在每年春季的 4 ~ 5 月份之间，温度达到 15℃左右时，是最佳的换盆时间。换盆时一定要小心，不要伤害根系，也不用剪根、晾根，换盆后适当浇水，并放在半阴的环境中进行养护。

多肉根系繁杂，如何上盆?

多肉在地里生长时，因为空间足够大，根系生长旺盛，舒展开来较为分散，但是如果上花盆的话，生长空间便会被大大的限制，所以在上花盆之前，需要对植物根系进行修剪。而且在繁杂的根系中，隐藏着许多已经干枯的细小根系，这些根系不会被植物消耗掉，也不能恢复生机，只会妨碍新生根系的生长，所以要清除干净。在上盆前，一定要将多肉清洗干净，等根部自然晾干后，再移栽至盆中，以防根部感染腐烂。

多肉开花后就会死掉吗?

自然界中的大部分植物都会开花，这是其结种子、繁衍后代的方法，多肉植物也是如此。大部分多肉都会开花，但开花后死亡的品种占少数，其中最常见的便是瓦松属的凤凰、富士、子持莲华等。此外，还有青锁龙属的阿尔巴、神通等，石莲属的因地卡、德钦石莲等，母株开花后便会萎缩死亡。而石莲花属、厚叶草属和番杏科的多肉开花后并不会死亡，精心照料下依旧长得很好，而且开的花朵十分漂亮，令人惊艳。

开花的多肉怎么处理?

多肉植物和大多数植物一样也会开花，由于多肉多生长在干旱地区，各种生理反应较为缓慢，花期也自然而然延长了，有的多肉甚至几十年才开一次花。多肉植物一般在春季会长出花箭，此过程会消耗植株大量的养分，若是多肉不够健康或者状态不好，还没有开出花或开花后就会直接枯萎，为了避免养分白白浪费，可在花箭长出时立即剪掉。

如植株健壮，有足够的养分用来开出健康的花朵，而且花朵漂亮，具有较高的观赏性，可以让其继续开花。同时，也可以通过这些花朵来授粉繁殖，因大部分多肉不能同株授粉，可通过人工授粉来结种子。

光照与通风问题

怎样才能让肉肉变色？

多肉植物广受大家追捧，重要原因之一便是其具有变色的功能。多肉植物平常以绿色居多，但随着四季变化颜色会有所改变，尤其是春秋季，色彩变化较大，有可能植株在几天之内就变为红色，还有的会变为黄色、粉色、紫色等。将变色后的多肉植物种植在一起，颜色绚丽多姿，极具美感。

要想让肉肉变色，光照、温度与温差等变色因素必不可少。光照是最常见、最有效的改变多肉颜色的方式，在光照充足的生长环境中，多肉叶片的颜色很容易发生变化，例如黑法师会变为黑色，虹之玉会变为粉色，火祭会变为火红色等。在春季和秋季温差大的情况下，养在室外的多肉，变色速度极快，而且颜色变化很大；而在恒温的环境下养护的多肉，颜色变化非常缓慢。另外，在低温的环境中，由于叶绿素不耐低温，会导致叶片中的叶绿素变少，为了抵抗寒冷，会有新的花色素合成，导致多肉变色。

除此之外，有些多肉为了适应原生地的环境，并保护自己，会通过变色来减少自己被动物吃掉的可能；有些是因为气候变化导致植物体内色素比例发生变化；喷药、施肥等因素也会引起多肉变色。

休眠的多肉怎样养护？

大部分多肉每年都有固定的休眠期或半休眠期的生理习性，多集中在夏季和冬季，这是它们为了适应环境所采取的自然手段。多肉进入休眠期后，要减少浇水量，浇水过多易导致植株腐烂，若是温度较高的话沿盆边给水或者喷雾给水。由于夏季光线强，要避免多肉在烈日下直射，否则会导致叶片被灼伤，可以适当的遮光或者利用散射光。在高温高湿的环境中，多肉根部易腐烂，土壤也会滋生细菌，损害多肉的健康，所以一定要保证良好的通风环境。

怎样判断休眠还是死亡？

有很多新手可能是因为经验不足，对多肉的休眠和死亡两种状态分不清，我们可以通过养护多肉的一些经验来帮助大家进行正确判断。大部分多肉在夏季或冬季会进入休眠或半休眠状态，这一时期植株生长缓慢或停滞生长，并出现萎缩现象，叶色变得暗淡无光泽，甚至脱落，根部也没有新根系。休眠的多肉虽然状态不佳，但其实没有死亡，只要适当浇水、遮阴，温度适宜，过了休眠期后便会恢复正常。而死亡的多肉，则是完全萎缩或黑腐、化水了的，没有恢复生机的可能。

什么情况下需要遮阴？

夏季来临后，大多数多肉植物会进入休眠期，而随着气温逐渐升高、光线增强，如果连续有3天温度都超过30℃，就可以开始采取适当措施进行遮阴。也可以站在养护多肉的地方来感受阳光的强弱，如果皮肤感到灼热的话，那就是需要遮阴了。正午阳光强时可以遮挡一下，防止肉肉被晒伤；或者将多肉移至阳台上，避免强光直射。此外，还要保持良好的通风，通风不良更容易导致多肉晒伤。

上述办法，主要是针对已经服盆、健康茁壮生长的植株来说的。对于还没有服盆，或者刚上盆、换盆的多肉，就更加需要小心。

叶片腐烂或掉落怎么办？

叶片腐烂或掉落是多肉植物经常会出现的一种疾病，一般是由于养护过程中管理不善造成的。平常浇水过多会导致盆土潮湿，过于湿润的环境会使根部缺氧窒息，也会引起真菌感染，再加上通风不畅、温度太高、光照过强等因素，多肉很容易快速腐烂。多肉生存的土壤保水性太好，而透气性差，也很容易引起叶片腐烂，所以配土要选择透气性好的，也可以在土表铺上一层颗粒较大的铺面石，防止此类事情发生。

另外，害虫啃食造成的伤口会引起真菌感染；有些虫子，例如粉蚧、根粉蚧等会引起腐烂；施肥不当，也可能会导致植株腐烂。一旦发现植株上出现颜色不正常，或根茎和叶片变软、变糊状，要及时处理掉，防止传染。

晒伤的叶子能不能恢复?

多肉植物虽然喜欢光照充足的环境，但在暴晒的情况下很容易被晒伤，所以在接近夏天的时候，应将多肉移至将为阴凉的地方，避免暴晒。如叶片不小心晒伤，情况不严重可稍微喷点水，使空气变得稍微湿润，等待植物自己慢慢恢复。如果叶片被晒得过于严重，已经变黑变焦了，要直接将其剪掉，重新诱发新芽。如暴晒导致叶片已经化水了，它是无法恢复的，要将这些叶片及时摘除。

有的多肉叶片一碰就掉怎么回事?

多肉植物的叶片肥厚饱满，而叶柄却很小或没有，所以一碰就容易掉落，有的叶子掉落后会继续生根发芽。若平时浇水过于频繁，水分过多会造成叶片易掉落，那么浇水时就需要注意，不要造成盆土积水。植株的根部或茎出现黑腐时，也会出现叶子萎缩脱落的现象，黑腐病易传染，要立即将发病多肉与其他多肉隔离，并将黑腐处立即切除干净，然后放在阴凉通风处晾晒伤口。另外，多肉是喜光植物，如果在生长过程中光照不足，叶片也会一碰就易掉落，所以植株平时要多晒太阳，但夏季注意不要晒伤。

被鸟啄伤的叶片要摘掉吗?

多肉植物的叶片肥厚多汁，露养的多肉很容易成为小鸟啄食的对象，尤其是在野外食物匮乏的深秋季节。如果叶片被小鸟啄伤的伤口面积比较小，可以不用管，随着植株生长伤口会慢慢痊愈，也不会留下疤痕。如果啄伤的面积比较大，伤情严重，可以将叶片摘掉。

夏季室内闷热怎样解决?

夏季天气逐渐转热，如果室内通风不畅会产生高温高湿的环境，这样不仅容易导致多肉腐烂，而且盆土会滋生细菌，造成植株黑腐。所以，夏季室内一定要保证良好的通风，或者给多肉们多吹吹风扇，也能有良好的通风效果。另外，温度较高时，可以采取喷水降温的措施，以给多肉提供较好的生存环境。

浇水与温度问题

浇水有哪些方法?

多肉植物在不同的季节需水量不同，浇水方式也不一样。春秋季是大多数多肉的生长季，浇水较为频繁，每周浇水 1 次，可以采取兜头浇水的方式，能将植株表面清洗干净，也可把盆内根系的排泄物冲洗干净。夏冬两季多肉大多会进入休眠状态，此时根系吸收水分能力减弱，夏季要减少浇水量，冬季可以延长至 15 ~ 20 天浇水 1 次，且多采取喷雾的方式。

多肉植物可以淋雨吗?

如果多肉植物平时处于露养或半露养的状态，已经适应了周围的气候环境，可以适当地淋雨。因为，雨水中含有一些营养成分，不仅有利于多肉生长，还能帮助清洗植株上的灰尘。但如果多肉长期在室内养护，不要贸然让其淋雨，可以先适应一下气候环境，以防造成其徒长或导致病虫害的发生。

浇水量需要调整吗?

多肉植物的浇水量与天气变化息息相关，所以需要我们时刻注意天气预报。一般情况下，晴天气温升高时，可以加大浇水量，满足多肉的生长需求。在夏季高温或冬季低温时，要减少浇水量，避免造成积水引起植株腐烂。而在阴雨天，空气比较湿润，可以不浇水。把握好天气变化，随时调整浇水量，有利于多肉植物更好地生长。

多肉积水有什么影响，应怎样预防?

多肉植物大部分都是喜光、耐旱的，多水潮湿的环境不适合它们生长，所以积水对多肉来说有很大的危害性。在多雨的夏季和秋季，植株淋雨后，叶子上残留的水珠在阳光的折射下，有可能导致多肉毁容，出现不均匀的色斑，而且在高温、潮湿、积水的环境下，也很容易造成多肉黑腐化水；冬季低温时，积水会导致植株腐烂、叶片冻伤。所以在多肉淋雨后，要用纸巾之类的吸水性强的东西及时将植株上的水吸干，并保持通风，或者将其放在雨水不易淋到的地方。

处于休眠期的多肉要浇水吗？

休眠期的多肉进入自我保护状态，各种生理反应都较慢，根部也停止了大部分的活动，吸水功能减弱，所以浇水量要减少，否则积水易导致植株腐烂。但因为多肉的蒸腾作用还在继续，多肉的根部需要一定的湿度，盆土不能完全干燥，否则容易干死，可以采取喷雾的方式，给少量的水。

叶片枯萎就要浇水吗？

这要看具体情况。如果多肉下部的叶片枯萎变软，上面的叶片也有变软的趋向，那就说明是缺水了，需要浇水。若是浇水 12 小时后，叶子没有复原的迹象，那就有可能是根部腐烂了，可以将根部拔出来进行修剪，然后重新发根。如果多肉处于包裹状态，叶子由外至内一圈一圈干枯，而里面的叶子还比较精神，那就说明多肉处于休眠状态，不需要浇水。

多肉突然化水还有没有救？

多肉正常情况下突然化水，一般是由于浇水太多或者淋雨过多引起的，尤其是在夏天过热、冬天过冷的环境下，更容易导致叶片化水。这时候要及时把化水的叶片摘掉，并将根部带土取出花盆，放在阴凉通风处，等土壤干后再放回花盆中。另外，还有可能是植株黑腐造成叶片迅速化水，这种情况不太乐观，补救的机会不大。

北方冬季怎样养护多肉？

在北方地区，冬季温度比较低，可以在霜降前把多肉移到室内养护。如是看气温的话，在温度接近 5℃时，就可以将多肉搬入室内。

冬季养护多肉，浇水可以在晴朗的午间进行，但浇水量要减少；当温度低于 5℃时，就该控水了，可以沿着盆沿给少量水。虽然室内有暖气，但是通风和日照的问题必须考虑到，否则多肉容易徒长，可以在午间的时候开窗通风 1 小时。另外，还需要注意的是，不要把多肉放在暖气边上，以防植物被烤坏。

南方冬季养护多肉需注意什么？

南方地区冬季湿冷，相比较北方而言，需要注意的地方更多，如何做好保暖就是最重要的一件事。南方室内没有暖气，可以采取搭建温室大棚的方法，为多肉创造一个较为稳定的生存环境，帮助它们安全度过寒冷的冬季。但要注意通风问题，可以在天气晴朗的时候打开大棚，让多肉透透气，防止室内温度、湿度过高导致植株腐烂。如果温度不低于 5℃，可将多肉放置在室外向阳背风的地方，就可以安全过冬；但如果温度更低的话，最好还是移至室内养护。

多肉冻伤了怎么办？

这要视具体情况而定。若是轻微的冻伤，对于比较耐冻的成株、老桩和全年露养的多肉，自己可以慢慢恢复，而幼苗的话，一旦冻伤了基本就没救了。如果多肉植株上的大部分叶片甚至茎秆都出现冻伤，还有明显的化水趋向，冻伤情况就比较严重了，要及时切除冻伤部位。如果是整个植株全部被冻伤，甚至茎干部分都化水了，基本上就没有恢复生机的可能了。